ISBN: 978-1-304-75406-6

Primera edición

Sitio del autor y contacto: https://dabellonotes.blogspot.com/

Idioma: español

País: España

# Contenido

# Prólogo

Hace varios años me senté un día con mi cliente, y me dijo: "vamos a empezar a hacer Scrum". No me lo pensé dos veces, fue un sí rotundo. Pero había un pequeño problema, y es que no sabía por qué ni para qué lo íbamos a hacer y no tenía mucha idea ni de Scrum ni de la Agilidad en sí.

No me considero un experto en Agilidad o frameworks, tales como Scrum ni mucho menos, pero sí tengo mucha experiencia hoy en día en estos temas, aunque me sigo considerando un aprendiz de este mundo, ya que el aprendizaje y evolución tienen que ser constantes y hay mucho que aprender todavía.

Durante este libro, veremos cuál ha sido la evolución que he vivido en todo este tiempo y cómo he llegado hasta ahí. Cómo fuimos metiendo pasos muy pequeños, pero constantes, hasta lograr hacer un equipo autoorganizado, empoderando a la gente y viendo ejemplos de dichos cambios, y lo más importante, en hacer esos cambios sostenibles en el tiempo. Todo esto desde una visión de equipos y de organización.

No me voy a meter demasiado en jerarquías de equipo, o roles sobrecargados. Pero sí voy a contar los cambios que he hecho para llegar a mejorar la situación, y cambiar nuestra visión y forma de trabajar. Tampoco lo quiero hacer muy denso, con lo que muchas veces iré directo al grano sin profundizar en la historia de cada elemento usado o su significado, ya que creo que no debería ser el objetivo de este libro, puesto que el enfoque debería ser práctico y no teórico. No veremos profundas definiciones de marcos de trabajo ni definiciones de los roles, eventos, artefactos, etc. o cualquier otro aspecto propio de cada marco de trabajo, salvo la información básica del propio framework para partir de una idea común. El enfoque que le quiero dar al libro será sobre todo práctico, con lo que espero realmente que también te ayude a evolucionar.

Finalmente, si ya tienes mucho conocimiento en Scrum o Agilidad, quizás este libro no sea para ti. Está más orientado para una persona que está dando sus primeros pasos en este mundo. Si ya sabes algo, quizás te pueda interesar directamente la parte de buenas prácticas que experimentamos, para ver su motivación y lo que queríamos conseguir con ellas.

Solo espero que a través de este libro puedas pensar en cuál ha sido o está siendo tu proceso, que experimentes todas aquellas buenas prácticas que puedan salir de aquí y que no tropieces en las mismas piedras que yo. Debes tropezar en las tuyas propias y sacar un aprendizaje de esos errores.

Lo malo, o lo bueno según se mire, es que en el momento en el que puedes estar leyendo este libro, es posible que ya no haga muchas cosas de las que cuento, y haga otras nuevas. No es un problema, verás cuando empieces en este mundo que es algo normal, la prueba-error o experimentación es algo fundamental que irás descubriendo con el paso del tiempo.

Al leer este libro, lo aquí mostrado te podrá parecer evidente, y a veces incluso flojo o estúpido, soy consciente de ello, y sé que a los que tomamos decisiones, nos tienden a culpabilizar cuando damos por buenas unas decisiones que tuvieron un mal resultado y a no reconocer las medidas acertadas que solo parecen obvias después de aplicadas. Pero lo que quiero demostrar con el libro, es la evolución y el cambio, que sí es posible con el tiempo, motivación y esfuerzo suficiente. Desde luego puedes elegir quedarte como estás, aunque eso es lo peor que puedes hacer.

# Parte I: Equipos

¿Qué trabajos hemos hecho con los equipos y cómo?

*Nadie progresa, ni mucho menos tiene éxito, si pretende hacerlo solo. El trabajo en equipo es fundamental cuando buscamos el éxito de algo.*

*Patrick Lencioni*

Puntos para tener en cuenta, según la guía de Scrum, pero generalizando:

- *Capacitar a los miembros del equipo en autogestión y multifuncionalidad*
- *Ayudar al equipo a centrarse en la creación de incrementos de alto valor que cumplan con la definición de hecho*
- *Promover la eliminación de los impedimentos para el progreso del equipo*
- *Asegurar de que todos los eventos se lleven a cabo, sean positivos, productivos y que se respete el tiempo establecido (time-box) para cada uno de ellos*
- *Ayudar a encontrar técnicas para una definición eficaz de los objetivos del producto y la gestión de los retrasos en el producto*

- *Ayudar al equipo a comprender la necesidad de elementos de trabajo pendiente de productos claros y concisos*
- *Ayudar a establecer la planificación empírica de productos para un entorno complejo*
- *Facilitar la colaboración de las partes interesadas según sea solicitado o necesario*

## Primeros pasos

No voy a remontarme tan atrás como para explicarte cuando trabajábamos en proyectos en cascada, haciendo previamente los documentos de requisitos, de análisis, de diseño y después codificar. Ni cuando nos pasamos a bolsas de horas, ¡no!, ese no es el objetivo. Vamos a partir de aquel día donde se decidió hacer Scrum.

De esto hace ya varios años. Fue lo primero que he conocido de la agilidad. De hecho, empecé antes a usar Scrum que a conocer la agilidad en sí misma. Obviamente, os podéis imaginar lo que ha salido de ahí en los inicios, algo peor que un Zombi Scrum.

Por aclarar antes de seguir, un Zombi Scrum es una denominación que está saliendo últimamente mucho y consiste en que un equipo hace todos los eventos de Scrum, pero no obtiene los resultados deseados o lo que se desea conseguir con Scrum, es decir, hacemos por hacer, sin plantearnos por qué o para qué y por supuesto, no entiende ni practica sus valores y principios, con roles reaprovechados y una ejecución de los Sprint con un waterfall camuflado.

Pues mi primer Scrum, era peor, porque además era un zombi malo: no hacíamos bien los eventos, algunos ni los hacíamos como deberían hacerse, en el sentido de que fueran provechosos, era un total desastre, pero, en el fondo, no me arrepiento, porque gracias a esto, ves en el equipo una mejora enorme cuando empiezas a explotar todo lo que te puede ofrecer Scrum. Además, hay una máxima que dice: empieza ya. Pues fue lo que hicimos, empezamos, y después ya iríamos mejorando.

¿Cuál fue el problema de empezar así? Pues que empecé porque mi cliente decidió hacerlo así, como si fuera algo impuesto, además de una falta de conocimiento de qué era Scrum y de qué era Agilidad en general, y qué hacía que un equipo trabajara de este modo. Todavía teníamos una visión muy jerarquizada dentro del equipo, donde yo, realmente, era el jefe de proyecto, más que el algún rol concreto de Scrum.

Con el cliente decidimos qué framework usar, la iteración de los Sprint, el alcance de cada Sprint y todo aquello que necesitábamos para iniciar los desarrollos.

En los siguientes capítulos vamos a ir viendo cómo empezamos a hacer los eventos de Scrum y cómo los hemos ido evolucionando hasta el día de hoy. También iremos comentando las decisiones tomadas y por qué se tomaron.

**Por qué Scrum**

El cliente estaba inmerso en un proceso de transformación Agile para que sus equipos trabajaran fundamentalmente en este framework. Desde luego es el marco de trabajo más utilizado, seguido de Kanban. Nuestro equipo daba, o al menos eso pensamos en ese momento, para empezar así, siendo entre 3-7 personas, aunque no disponíamos de todos los roles necesarios, como el Scrum Máster. En toda transformación Agile vais a ver que, en los inicios, es el rol que más falta en los equipos y lo que se hace por lo general es reconducir a algún miembro del equipo con un porcentaje de su tiempo a estas tareas.

Por aquel entonces, el cliente seleccionaba unos proyectos piloto para empezar a trabajar de esta forma. Nuestro equipo no fue seleccionado en un primer momento, pero decidimos ir por libre y adoptarlo de forma interna. Así, nuestros primeros pasos fueron a la vieja usanza como veremos, aprendiendo y mejorando de forma lenta pero constante.

Y así es como se define el propio Scrum según la guía de 2020:

*Scrum es un marco ligero que ayuda a las personas, equipos y organizaciones a generar valor a través de soluciones adaptables para problemas complejos.*

*Scrum es simple. Pruébalo tal cual y determine si su filosofía, teoría y estructura ayudan a alcanzar metas y crear valor. El marco de Scrum es deliberadamente incompleto, solo define las partes necesarias para implementar la teoría de Scrum. Scrum se basa en la inteligencia colectiva de las personas que lo utilizan. En lugar de proporcionar a las personas instrucciones detalladas, las reglas de Scrum guían sus relaciones e interacciones.*

*En el marco se pueden emplear diversos procesos, técnicas y métodos. Scrum envuelve las prácticas existentes o las hace innecesarias. Scrum hace visible la eficacia relativa de la gestión actual, el entorno y las técnicas de trabajo, de modo que se pueden realizar mejoras.*

La primera vez que leí la guía para ver de qué iba Scrum, mi primera sensación fue de qué pequeña es y que faltan muchas cosas, no te dice cómo llevar a cabo nada. No entendía en ese momento que realmente no era una metodología que te guiaba paso a paso. Con el tiempo, comprendí también que no podía meterse más, porque una de las partes más importantes que promueve es que cada equipo debe ir descubriendo aquello que le funciona, y que lo que funciona para un equipo, puede no funcionar para otro, y viceversa. Tienes que ir descubriéndolo, probando. En eso consiste también la inspección-adaptación.

Este es el gran potencial de Scrum, el ir descubriendo cómo hacer las cosas. Pero también es su mayor desventaja, ya que puedes estar haciendo algo pensando que está bien, pero que realmente no lo está. Pero vamos a ser buenos y en lugar de decir "hacerlo mal" vamos a decir que no se le saca todo el potencial que podríamos conseguir.

**Duración de las iteraciones**

Las iteraciones, conocidas como Sprint, en Scrum tienen una duración de no más de 1 mes. Nuestras primeras iteraciones eran precisamente lo máximo permitido, 1 mes. Cuando estábamos trabajando con bolsas de horas también hacíamos algo parecido, presentar un alcance mensual sobre el que trabajar el siguiente mes. Lo mantuvimos así unos cuantos meses. El problema que veíamos aquí es bastante obvio, tardábamos mucho en poder entregar desarrollos a negocio o a otros equipos de tecnología que no estuvieran previamente contemplados en el Sprint actual. Imaginaos decir que un desarrollo nuevo no lo empezábamos hasta dentro de un mes, con lo que no se entregaría hasta dentro de casi dos meses. La gente se impacientaba y metía presión, porque había temas prioritarios que llegaban por el medio.

Viendo esto, decidimos rebajar los Sprint una semana, dejándolos en 3 semanas. El discurso de empezar nuevos desarrollos se acortaba, pero para algunos temas aún era bastante tiempo. Pero el aspecto más importante es que se seguían metiendo nuevos desarrollos por el medio, con lo que tres semanas seguía pareciendo demasiado tiempo.

Pasados unos meses, volvimos a bajar una semana el Sprint, pasando a dos semanas. El discurso de empezar nuevos desarrollos para el siguiente Sprint ya no parecía demasiado tiempo y los desarrollos que entraban por el medio se habían reducido bastante, aunque como veremos más adelante, siempre se solía meter alguno nuevo.

Actualmente, por defecto, todo nuevo equipo nuestro que empieza a trabajar usando Scrum hace Sprint de dos semanas. Ya sabemos que no es bueno cambiar constantemente las duraciones de los Sprint, salvo por causas justificadas como hemos visto, donde estás encontrando tu camino, lo cual nos debería siempre ayudar a mejorar las entregas realizadas.

Otro tema importante sobre el Sprint es que usamos días naturales y los estos comienzan y terminan el mismo día cada dos semanas, así favorecemos una periodicidad constante y el equipo sabe perfectamente cuándo se celebran los eventos. En nuestro caso, tenemos los miércoles para la Review y Retrospectiva y jueves para el Planning. Si alguno de estos días cae en festivo, miramos de adelantar o posponer los eventos a un día hábil, según el caso. Evitamos eventos en lunes, por eso de que la gente aún viene pensando en lo que hizo el fin de semana y suelen ser menos productivos. También evitamos los viernes, por eso de que la gente ya está pensando en el fin de semana. Los mejores días son entre martes y jueves.

Un punto muy importante, y aunque parezca obvio sale en muchos equipos que conozco, los Sprints no los extendemos ni acortamos, salvo por lo comentado anteriormente sobre los festivos. Escucho decir a los equipos que como no dan terminado una tarea extienden uno o dos días el sprint, o que como son pocos durante el sprint por vacaciones o bajas que lo hacen más largo, etc. ¡No!, eso es un error, no hagas eso por favor, así no favoreces los ciclos de desarrollo y pierdes mucho criterio de decisión. Como veremos más adelante, hay soluciones para eso, como pasar las tareas al siguiente sprint, o gestionar el alcance del sprint en función de la capacidad del equipo y su velocidad.

Scrum define a su iteración o Sprint de la siguiente forma:

*Son eventos de longitud fija de un mes o menos para crear consistencia. Un nuevo Sprint comienza inmediatamente después de la conclusión del Sprint anterior. Todo el trabajo necesario para alcanzar el objetivo del producto ocurre dentro del Sprint.*

## Backlog

Como herramienta para gestionar los ítems, Sprint y backlog usábamos Jira. Teníamos una jerarquía de tema, con una o más épicas que a su vez tenían una o más peticiones, pudiendo ser estas de varios tipos: historias de usuario, mejoras técnicas, incidencias, tareas genéricas, spikes, etc. Hubo una época inicial donde también usábamos las historias como simples agrupadoras del resto de tareas de desarrollo, siendo estas las únicas que formarían parte del Sprint Backlog, pero hoy en día ya cualquier tipo de petición, de épica para abajo, podría formar parte del Sprint Backlog.

En los inicios este backlog era alimentado por la persona de cliente y por mí mismo. De aquí, fuimos evolucionando de forma que el equipo creaba también algunas tareas, de mejora técnica, sobre todo, hasta hoy en día, donde cualquiera del equipo puede crear peticiones para el backlog. Por lo general el Product Owner crea las historias de usuario y el equipo crea las mejoras técnicas, deuda técnica e incidencias detectadas.

Sobre el backlog, lo ideal es que sea pequeño, con una visión a dos Sprint vista, por ejemplo. Tener un backlog muy grande genera mucho desperdicio, porque puedes estar acumulando muchas peticiones sin darte cuenta y que nunca vas a hacer o que vas a tardar mucho en hacer, cayendo en una posible procrastinación, y cuando quieras retomarlas no sepas de qué iban ni qué querías solucionar con ella.

Scrum define el Product Backlog de la siguiente forma:

*El trabajo pendiente del producto es una lista emergente y ordenada de lo que se necesita para mejorar el producto. Es la única fuente de trabajo emprendida por el equipo Scrum.*

*Los elementos de trabajo pendiente de producto que puede ser hecho por el equipo de Scrum dentro de un Sprint se consideran listos para su selección en un evento de planificación de Sprint. Por lo general adquieren este grado de transparencia después de las actividades de refinación.*

**Planning**

Las primeras plannings que hacíamos era a la vieja usanza, entre cliente y yo discutíamos las tareas, le dábamos forma y las metíamos dentro del sprint a ojo. Con esto, después las refinaba, creaba las tareas que faltaran, hacía una asignación previa y una estimación en horas a alto nivel. Una vez finalizado esto, me reunía con el equipo para explicarlas y dábamos por iniciado el Sprint.

La siguiente evolución fue para darle más protagonismo al equipo. Decidimos cliente y yo trabajar con historias de usuario, para todo, pero aún decidíamos nosotros lo que iba o no iba dentro del sprint. Una vez hecho esto, mismo proceso de reunión con el equipo para explicar las historias. Ahora viene aquí la novedad, posteriormente, era el equipo el que creaba las tareas de desarrollo asociadas a esas historias, ellos les asignaban una estimación previa, aún en horas, y hacían ellos mismos las primeras asignaciones de tarea-persona. Aquí el equipo empezaba ya a ser autoorganizado para la creación y asignación de sus propias tareas del sprint backlog.

Además de los problemas obvios de imponer un sprint backlog, había otros importantes. El primero de ellos era el retrabajo de crear las tareas, ya que muchas veces teníamos una tarea por cada historia de usuario. El motivo de hacerlo así era que usábamos las historias como agrupadores de las tareas y eran estas tareas las que pertenecían al sprint backlog, pero no las historias. Te puede parecer horroroso, y sí que lo era la verdad, pero fue la decisión tomada para tener como una parte más de gestión, las historias, y otra más de desarrollo, las tareas. El segundo problema era la forma de llevar la planning, donde yo mismo explicaba y leía las historias de usuario, pero no había una discusión profunda sobre cómo abordarlas por parte del equipo, y como en toda fase temprana, el equipo no estaba muy participativo de cara a preguntar dudas. Respecto a esto, probamos a que fueran las propias personas del equipo quienes leyeran las historias y propusieran las dudas, pero para mí esto era peor, porque prestaban más atención a leer de carrerilla, que a analizar lo que se solicitaba.

Las siguientes mejoras sobre estos puntos estaban claras. Por una parte, minimizar el trabajo del equipo en la creación de tareas, usando directamente las historias como parte del sprint backlog. Pensarás que era obvio, pero daros cuenta de que estábamos en una fase muy inicial, y todo cambio es lento y necesita adaptación. Lo que sí os digo es que al equipo le resultó muy cómodo y ahorramos mucho tiempo. Para resolver el segundo problema, decidimos dividir la planning en dos partes (como indica la guía). Una primera parte donde el PO explicaba las historias propuestas para el sprint, y una segunda parte donde se discutía el cómo las veía el equipo. Para esto también nos ayudó mucho el empezar a estimar las tareas en puntos de historia y comenzar a medir nuestra velocidad. ¿Por qué? Pues, por una parte, el conocer nuestra velocidad nos permitía saber, en función de la capacidad del equipo para el siguiente sprint, cuántas historias o tareas podíamos meter en el sprint. Aquí ya entra el equipo a la hora de decidir cuánto puede hacer dentro del sprint, lo que cabe y lo que no cabe. Por otra parte, los puntos de historia nos sirvieron también para generar discusión dentro del equipo en cómo veían una tarea. Cada uno exponía su punto de vista cuando había discrepancias en puntuaciones y esto generaba un debate sano para hacer ver a las personas cosas que inicialmente se habían escapado. Esta parte para mí era la más importante de la puntuación, las conversaciones que generaban.

De forma resumida, lo que pasamos a hacer fue lo siguiente:

- PO y equipo crean historias y tareas
- Se comentan las historias y tareas para ver qué es lo que hay que hacer
- Se puntúan y debaten las historias para ver cómo se harán
- Se ajusta el alcance del sprint en función de la velocidad y capacidad, sacando aquellas tareas que no caben
- Se priorizan las tareas por importancia y aporte de más valor

Desde hace unos meses metimos además un punto muy importante, definimos entre todos el Sprint Goal. Por lo general está basado en las peticiones que aporten más valor a negocio o sean más prioritarias. El PO lo propone, pero es todo el equipo quien lo decide y le da forma. Esto ayuda al equipo a estar más centrado durante el sprint y tener foco en lo importante.

¿Cómo define Scrum el evento de la Sprint Planning?

*El Sprint Planning inicia el Sprint estableciendo el trabajo que se realizará para el mismo. Este plan resultante es creado por el trabajo colaborativo de todo el equipo de Scrum.*

*El propietario del producto (Product Owner) se asegura de que los asistentes estén preparados para discutir los elementos de trabajo pendiente de producto más importantes y cómo se asignan al objetivo del producto. El equipo de Scrum también puede invitar a otras personas a asistir a la planificación del Sprint para proporcionar asesoramiento.*

*La planificación del Sprint aborda los siguientes temas:*

- *¿Por qué este Sprint es valioso?*
- *¿Qué se puede hacer este Sprint?*
- *¿Cómo se realizará el trabajo elegido?*

**Estimaciones**

Siempre digo que el ser humano es muy malo estimando. Esto no es más que un juego aproximado para saber cuándo podré tener algo terminado. No os voy a descubrir nada, casi nunca acertamos. Dejando esto un poco de lado, las estimaciones pueden llegar a ser buenas por lo que conlleva además de la propia estimación, y es la conversación, pero de esto hablaremos un poco más adelante.

En los inicios, como se ha comentado previamente, las estimaciones se daban en horas y las ponía yo mismo. El siguiente paso, fue que el propio equipo ponía las estimaciones de todas las tareas en horas. Esta forma de hacerlo era la de toda la vida, hasta este momento no había ningún misterio en esto.

La siguiente propuesta de mejora fue la de empezar a medir los ítems en puntos de historia. Fue algo complicado al principio el pasar de pensar en horas a pasar en otros criterios como el de esfuerzo, complejidad e incertidumbre. Por lo general, cuando se pasan de estimar en horas a puntos de historia, se suele hacer una traducción directa de que una hora equivale a un punto de historia, para posteriormente redondear ese número hacia un valor de puntos de historia válido, según el criterio de medición que se haya establecido.

Antes de entrar en abordar cómo pasamos nosotros a usar puntos de historia, es necesario saber que hay varias formas de medirlas: por tallas (sí, las tallas de ropa de toda la vida: XS, S, M, L, X, XL) o la serie de Fibonacci, son dos de los sistemas de medición más comunes. En nuestro caso, empezamos a usar la serie de Fibonacci, cuyo valor de la cifra actual es la suma de los dos valores anteriores, es decir: 0, 1, 1, 2, 3, 5, 8, 13, 21, etc.

Nosotros comenzamos de una forma inusual. Ya llevábamos tiempo trabajando con el cliente y sabíamos los tipos de tarea que teníamos. Decidimos usar el menor número posible de estimaciones, para minimizar la complejidad del proceso en sí, y seleccionamos un pivote, el valor 3 en nuestro caso, que representaba una tarea tipo establecida previamente por nosotros, algo medio en cuanto a esfuerzo, complejidad e incertidumbre. A partir de ahí, se fueron catalogando los distintos tipos de tareas que teníamos, creando una especie de maestro de tipología de tarea y su valor de estimación.

Lo normal, es definir ese pivote, 3 en nuestro caso, pero puede ser otro, y a partir de ahí indicar respecto a esfuerzo, complejidad e incertidumbre las distintas estimaciones en función de si cada uno de estos tres parámetros es considerado bajo, medio o alto. Es decir, hacer una matriz y ponderar. Esta fue la segunda aproximación que se llevó a cabo por el equipo. Ya nos daban igual los tipos de tarea, y ya solo hacíamos caso a lo que el equipo consideraba según el grado de cada uno de los tres parámetros medidos. Un punto importante es también definir un máximo de punto de historia. En nuestro caso el máximo fue de 8, algo que requiere de un esfuerzo o complejidad elevada o tiene mucha incertidumbre. Algo estimado con más de 8 puntos de historia, asumimos que es demasiado grande para hacer en un Sprint y nos tiene que llevar a replantear la tarea, siendo necesario dividirla en dos o más tareas más pequeñas que tengan una estimación menor. Esta forma de actuar nos lleva a intentar tener siempre tareas pequeñas que podamos ir entregando más rápido.

En lo que realmente hemos notado una mejoría con esto, fue en el debate explícito que se genera entre el equipo para llegar a una estimación. Obviamente la estimación de cada persona es individual y privada y se ven todas al mismo tiempo para una tarea (técnica del Planning Póker). Si todas las estimaciones coinciden, ¡perfecto!, todos estamos de acuerdo y se pasa a la siguiente tarea. Pero esto no pasa al principio, donde casi siempre hay discrepancias en cómo lo ve la gente, porque no es lo mismo alguien que sabe exactamente dónde hay que tocar o que controla del tema a otra persona que no sabe y tiene menos experiencia. Pero esto es algo normal, y por eso después, tiene que surgir la conversación de por qué una persona lo ve con una estimación determinada y otra con otra distinta. Tras esa explicación, lo normal es que se vote de nuevo. Aquí pueden suceder dos cosas, que las discrepancias desaparezcan porque con las explicaciones anteriores ha sido suficiente y todos han decidido lo mismo, o que siga habiendo discrepancias, con lo que este caso, se podría tomar la decisión de quedarnos con la estimación que más se repite y en caso de empate, con la más alta, por ejemplo. La idea es no votar de nuevo para no eternizar la estimación y avanzar hacia las siguientes tareas.

Una vez que tenemos esto, pudimos empezar a medir la velocidad del equipo, es decir, cuántos puntos de historia es capaz de entregar en un sprint. Con esto, también podemos llegar a estimar, nuevamente, cuánto podemos entregar en un sprint, teniendo en cuenta la capacidad del equipo para el siguiente sprint.

Sobre la velocidad hay que destacar varios puntos, que son:

- No debería considerarse como una métrica de productividad. Es cierto que se dice que el equipo debería ir bajando su velocidad conforme gana madurez y experiencia, hasta aquí todo bien, pero no deberíamos tomarlo como una métrica buena de productividad, ya que es simplemente un valor vanidoso por así decirlo, que realmente nos dice cuánto entregamos, pero no nos dice nada sobre la calidad o valor aportado, que es lo verdaderamente importante

- El valor de la estimación debe ser una ayuda de cara a conocer de forma aproximada lo que cabe en un sprint, no debe tomarse al pie de la letra dicho valor, y podemos asumir más o menos puntos de historia, según el equipo lo considere. Es más importante la palabra del equipo que este valor

- Jamás se pueden comparar las velocidades entre distintos equipos. Esta medición solo es válida dentro del equipo que la lleva a cabo. Cada equipo tendrá distintas formas de estimar y ponderar, con lo que, entre equipos, este valor no aporta nada

Estuvimos trabajando así varias iteraciones, y la verdad es que se acertaba bastante (uso acertar aposta, ya que una estimación al final es jugar a adivinar, recordad eso). Pero, aun así, había algo que no encajaba del todo, y eran las tareas que, por una razón u otra, no se daban por finalizadas dentro del sprint y tenían que pasar al backlog, o por lo general, al siguiente sprint.

Para la estimación de estas tareas había varias alternativas a seguir.

Una primera alternativa, que era la que menos me gustaba, era clonar la tarea, dejarla en el sprint actual con la estimación según el trabajo hecho y la nueva meterla en el nuevo sprint considerando la estimación según el trabajo que le falte. Esta opción la descarté porque una tarea es un ente que o está terminado o no está terminado, pero no puede desdoblarse de esa forma a posteriori. Además, que esto supone un retrabajo para el equipo al tener que copiar las tareas no finalizadas.

La segunda alternativa, que es la que empezamos a hacer es la de no tenerla en cuenta en el sprint actual, ya que al fin y al cabo no se dio por terminado y reestimarla en el nuevo sprint por el trabajo que quedaba. Con esto, conseguíamos una foto más real de lo que se finalizaba de forma completa dentro del sprint. Aun así, quedaban en el aire los puntos de historia "invertidos" en el anterior sprint, donde no se finalizó, y que se perdían, no se tenían en cuenta para medir la velocidad del sprint.

La tercera alternativa la empezamos a practicar a raíz de leer a Mike Cohn sobre esto mismo. Él ponía en duda la reestimación de las tareas y que la foto de velocidad que interesa es la visión global de los sprint y no la visión de sprint individual. Según esto, lo que empezamos a hacer es pasar la tarea al siguiente sprint con la estimación ya dada (solamente se cambiaba la estimación si hubiera algún cambio de alcance o algunos de los criterios de complejidad, esfuerzo o incertidumbre hubieran cambiado, pero nunca porque tuviera trabajo ya hecho). Con esto, los puntos de historia son completos, pero el equipo sabe que, por este motivo, puede asumir más puntos de historia de lo que nos estaría diciendo la velocidad teórica, con lo que esta forma de actuar de nuevo apoya el hecho de que la velocidad tiene que ser una ayuda, no un número exacto, y que la última palabra la tiene siempre el equipo.

Hay una corriente que suena mucho, la "no estimates", que defiende que no se estimen las tareas. En lugar de eso, la idea es crear tareas del mismo tamaño y tu velocidad será el número de tareas que eres capaz de entregar. Se basan en tareas pequeñas del mismo tamaño y en su número para saber cuánto se puede entregar. Para equipos maduros puede ser buena alternativa, pero requiere también un conocimiento muy grande de la persona que cree tareas y, al fin y al cabo, para saber cuán pequeña es una tarea, no deja de ser una forma encubierta de estimar de forma implícita. Efectivamente no ves una estimación sobre la tarea, pero el ejercicio ya lo has hecho previamente para decir que esa tarea es pequeña. Y aquí entra el debate de si solo crean tareas una persona o varias, si se discuten también porque a lo mejor alguien del equipo la ve más pequeña y otro más grande, etc. Al final, podemos caer en más retrabajo que una estimación de libro, pero que, si el equipo es maduro, sí se puede hacer.

En algún otro equipo intenté hacer una variante del no estimates, haciendo uso de métricas como el cycle time, para medir el tiempo desde que empezamos una tarea hasta que se finaliza. Con esto, usando las medias y algunos percentiles, puedes llegar a sacar en cuánto tiempo se suelen terminar y entregar las tareas.

Sobre las estimaciones, Scrum no dice nada, es uno de esos temas que tendrás que investigar por fuera del marco.

**Daily**

Este quizás fue el peor evento que hemos hecho durante los inicios, y probablemente el peor de la historia conocida de las dailys, salvo quizás quienes no la hagan, aunque tengo mis dudas. Me gustaría recordar primero el contexto, donde éramos un equipo distribuido trabajando en remoto con Teams. Tomamos como referencia las típicas preguntas que proponía la guía de Scrum de antes de 2020, las cuales eran:

1. ¿Qué he hecho ayer?
2. ¿Qué voy a hacer hoy?
3. ¿Qué impedimentos o problemas tengo?

Todos los días a las 09:15 de la mañana, pedíamos al equipo que escribiera, sí, que escribiera, las respuestas a cada una de estas preguntas. Los problemas están claros, era casi por cumplir el check de daily hecha. Prácticamente nunca se escribía a la hora fijada, había miembros del equipo que escribían mucho más tarde o a veces incluso ni escribían, porque se olvidaban pasados varios días. Además, después casi nadie leía lo que se había escrito.

Para "solventar" que todo el mundo lo escribiera a tiempo, lo que hice fue crear un bot que todos los días a las 09:15 escribiera en ese chat el arranque de la daily del día indicando las 3 preguntas a responder. Conseguimos que se iniciara siempre a la misma hora, pero seguíamos sin mejorar nada. Como veis, es algo hecho muy mal, pero lo tenía que contar, para que hagas lo hagas, no lo escondas y, sobre todo, para que se vea el gran margen de mejora de un equipo muy poco maduro en sus inicios, donde casi nadie estaba trabajando de esta forma.

El siguiente gran paso, fue prácticamente empezar por el principio, hacer una reunión donde nos conectemos todos. Por lo tanto, se creó la convocatoria para todos los días y ahí nos conectábamos todos para seguir hablando de las tres preguntas. Este debería ser el inicio real, pero seguíamos sin sacarle todo el provecho de la reunión, nos limitábamos a hablar para dar respuesta a esas 3 preguntas, a hablar de otros temas, a intentar solucionar otros problemas, etc. Con lo que como intuiréis, las dailys se iban prácticamente todos los días a una hora de duración.

Algo había que hacer con esto, teníamos que focalizarnos más, concretar más y discutir menos o dejar estos temas para más adelante. Las siguientes mejoras consistieron en trabajar en una verdadera sincronización del equipo. Nos olvidamos de esas 3 preguntas, y cada persona que contaba al resto del equipo en lo que estaba trabajando y qué impedimentos tenía, visualizando en todo momento el panel Kanban de trabajo del sprint. Para acortar los tiempos, casi forzamos a que primero se realizara esta sincronización, prohibimos al Product Owner hablar durante el evento hasta que este hubiera finalizado, para no interrumpir al equipo y para no perder el foco en la sincronización. Con esto, conseguimos realizar la daily en el tiempo pactado de 15 minutos, y todo lo que viniera después, sería denominado postdaily, si era necesario, o se agendaba otro espacio de tiempo para concretar los temas.

Tras esta mejora, lo que vimos es que aún nos faltaba algo. Este algo era el cómo está evolucionando el trabajo durante el sprint y cuánto trabajo nos queda. Respecto a este punto metimos dos mejoras muy importantes: visualizar los objetivos del sprint y visualizar el trabajo restante. Al inicio de la daily, siempre visualizamos los objetivos del sprint que se ha decidido como salida de la planning. Vemos qué está hecho y qué no de los objetivos. Este es ahora el inicio oficial de la daily. Para ver el trabajo restante, visualizamos la gráfica del Burndown Chart, que es una gráfica cuyo punto de partida son los puntos de historia con los que se inicia el sprint, y va descendiendo conforme se van cerrando tareas y resolviendo los puntos de historia. La gráfica da mucha información de cómo estamos avanzando. Si la línea de la gráfica presenta una línea recta o muy pocos descensos, pero muy marcados, y casi todos hacia el final, es mal síntoma, ya que significa que no estamos revolviendo tareas o que las tareas son muy grandes. El descenso tiene que ser gradual, es síntoma de que las tareas son pequeñas y se están resolviendo de forma adecuada sin bloqueos conforme avanza el sprint.

En el momento de escribir este libro, el equipo es muy autónomo en este evento. Siempre lo llevan ellos, como tiene que ser, siempre nos lleva poco tiempo y la persona encargada de llevarla es rotativa, no siempre es la misma. Así fomentamos y distribuimos la responsabilidad del evento entre todos.

Solo a modo comentario, las dailys las hacemos todos los días a la misma hora, excepto los días de planning y review, ya que ahí ya aprovechamos esos eventos para hacer cualquier sincronización que sea necesaria.

Mi visión sobre este evento ha cambiado respecto a la figura del PO, en el sentido de que veo bien que participe activamente como un miembro más del equipo (equipo global, no de desarrollo), pero estaría muy bien que él también se sincronice con el resto de las personas y exponga los problemas o bloqueos que tiene para poder conseguir el objetivo. Repito, su participación es también para sincronizarse, no para "interrogar" a las personas del equipo o hacer un seguimiento más típico. No, eso queda para otro foro.

Sobre la daily, Scrum nos comenta lo siguiente:

*El propósito del Daily Scrum es inspeccionar el progreso hacia el Objetivo Sprint y adaptar el Sprint Backlog según sea necesario, ajustando el próximo trabajo planeado.*

*El Daily Scrum es un evento de 15 minutos (máximo) para los desarrolladores del equipo de Scrum. Para reducir la complejidad, se lleva a cabo al mismo tiempo y lugar todos los días laborables del Sprint. Si el propietario del producto o el Scrum Master están trabajando activamente en los elementos del Trabajo pendiente de Sprint, participan como desarrolladores.*

*Los desarrolladores pueden seleccionar cualquier estructura y técnicas que deseen, siempre y cuando su Scrum diario se centre en el progreso hacia el objetivo de Sprint y produzca un plan accionable para el día siguiente de trabajo. Esto crea enfoque y mejora la autogestión.*

*Los Scrums diarios (Daily Scrum) mejoran la comunicación, identifican impedimentos, promueven una rápida para la toma de decisiones, y en consecuencia, eliminan la necesidad de otras reuniones.*

*El Daily Scrum no es la única vez que los desarrolladores pueden ajustar su plan. Frecuentemente se reúnen durante todo el día para debatir de forma más detalladas sobre la adaptación o replanificación del resto del trabajo del Sprint.*

**Review**

Nuestras primeras Reviews eran rápidas y malas. El PO comenzaba a leer los títulos de las tareas y el equipo decía si estaba finalizada o no lo estaba, sin más, y punto. No estaba negocio ni hacíamos demos ni mostrábamos nada.

La única gran mejora que metimos aquí es que la Review fuera llevada por el equipo de desarrollo, explicando las tareas finalizadas y qué les faltan a las tareas no finalizadas. En algunas ocasiones, llegamos a comentar un pequeño avance de lo que vendrá en el siguiente sprint, pero de forma muy escueta.

En algún equipo hemos empezado a hacer alguna demo y se agradece mucho ver los desarrollos en funcionamiento antes de ponerlos en producción. Con otros seguimos sin hacerla. Y con ningún equipo, tenemos a negocio presente o a otros stakeholders que nos piden cosas. Solamente estamos metiendo a equipo de Soporte externo como interesado en los desarrollos. Aquí quizás sea donde tenemos aún mucho que mejorar incluso hoy en día.

La guía de Scrum nos define la Sprint Review de esta forma:

*El propósito de la revisión del Sprint es inspeccionar el resultado del Sprint y determinar futuras adaptaciones. El equipo de Scrum presenta los resultados de su trabajo a las partes interesadas clave y se discute el progreso hacia el Objetivo de Producto.*

*Durante el evento, el equipo de Scrum y las partes interesadas revisan lo que se logró en el Sprint y lo que ha cambiado en su entorno. En base a esta información, los asistentes colaboran en qué hacer a continuación. El trabajo pendiente del producto también se puede ajustar para satisfacer nuevas oportunidades. Sprint Review es una sesión de trabajo y el equipo de Scrum debe evitar limitarla a que se convierta en una simple presentación.*

*La revisión de Sprint es el penúltimo evento del Sprint.*

**Retrospectiva**

La retrospectiva, bajo mi punto de vista, es una de las herramientas o eventos más importante que puede tener un equipo. Siempre que lo use bien, es fuente de mejora continua y trabajada de forma colaborativa.

Nosotros empezamos a hacer la retrospectiva intentando responder las preguntas básicas de qué hemos hecho bien durante la iteración, qué podemos mejorar y qué acciones podemos llevar a cabo para tener esas mejoras. Al principio fue complicado tener la participación de la gente, como prácticamente todo lo que empiezas cuesta desinhibirse y empezar. Otro tema que notamos también es que la gente era muy repetitiva, comentando siempre lo mismo. También se comentaban mejoras o tareas sobre desarrollo, no siendo el objetivo de la retrospectiva. Para fomentar la participación, se intentaba crear un ambiente lo más cómodo y transparente posible, insistiendo en que salieran las cosas para intentar siempre mejorar, nunca penalizar. Llegamos al punto de exigir que cada persona, al menos, comentara una cosa, y de ahí surge también los problemas de la repetitividad entre retrospectivas. Menos mal que eso duró poco. La participación al final la conseguimos generando en el día a día, confianza, para que la gente pueda expresarse sin problemas.

Una práctica buena que hacíamos era que la retrospectiva estaba abierta desde el día 1 del sprint, para que la gente pudiera ir colocando los temas a tratar nada más se les fuera ocurriendo. Lo planteamos así porque lo que pasaba muchas veces era que, al llegar a la sesión de la retro, la gente se olvidaba de las cosas que habían salido o sabían que querían decir algo, pero no lo recordaban. Con sucesivas mejoras esto lo dejamos de hacer y nos centramos solo en día propio del evento. A esto también ayudó la madurez del equipo, donde ya sí en la retro se expresaba libremente y tenía muy claro cómo había ido la iteración.

Al final de cada retrospectiva se enviaba un informe de esta para que todos lo tuvieran. Además, se podía visualizar en un planner de Teams en cualquier momento hasta la siguiente retro. En estas primeras sesiones hacíamos dos cosas mal: primero, no teníamos en cuenta las acciones que salían de la retro; segundo, motivado por lo primero, no hacíamos seguimiento de estas.

La primera mejora fue tener en cuenta las acciones de mejora, para eso se hacen las retrospectivas, ya que si no hacemos caso de las acciones de nada nos sirve la reunión. Pasábamos dichas acciones a un Kanban con estados para visualizarlas y conocer en qué punto estaban cada una. En ese momento se decidía si era susceptible de meterse dentro de la siguiente iteración, con lo que el responsable de llevarla a cabo saldría durante la ejecución de esta, de si quedaba en el backlog de acciones para llevarse a cabo más adelante, o si se hacía de forma transversal, con lo que alguien decidía asignársela para llevarla a cabo.

La segunda mejora que metimos fue la de hacer seguimiento de las acciones de retrospectivas anteriores, que estén en backlog o en curso. Antes de iniciar la retrospectiva, actualizábamos el estado de las acciones, siempre de derecha a izquierda, sin contar las que ya estaban cerradas. De forma que las que estaban en curso, las movíamos a cerradas, si era preciso, y las que estaban en backlog las movíamos a en curso o incluso cerradas, si así lo requerían. De esta forma hacíamos seguimiento de las acciones y actualizábamos sus estados para que no cayeran en saco roto.

A veces nos pasaba que temas relacionados con acciones que ya habíamos cerrado, salían de nuevo en alguna retro como puntos a mejorar. En un equipo, lo que hicimos fue tener dos estados intermedios entre en curso y cerrado, que eran Interiorizado y No Interiorizado. Esto lo hacíamos para algunas acciones que eran más hábito o conductual, algo concreto en cuanto a alcance. Así, podríamos tener la acción en No

Interiorizado durante varias iteraciones porque el equipo necesitaba más tiempo para hacerse con el hábito de esa acción. Cuando el equipo ya lo conseguía, se pasaba a Interiorizado. En la siguiente retro, si de verdad estaba interiorizado, se pasaba a Cerrado en ese instante.

Esto no garantiza que vuelva a salir como mejora algo relacionado con esa acción ya cerrada, pero al menos, garantizas que durante varias iteraciones el hábito se ha conseguido o no. Para ayudar a esto, también decidimos que una acción de la retro podría convertirse en acuerdo de equipo, para que fuera algo permanente y todos lo tuvieran presente.

Hoy en día usamos un panel de Mural para llevar las retrospectivas. Visualizamos en el mismo los acuerdos de equipo, las acciones de otras iteraciones y su estado, y tenemos diversas técnicas de retrospectivas: columnas con temas que funcionan y a mejorar, cuadrantes con temas que queremos seguir haciendo, queremos empezar a hacer, queremos dejar de hacer o queremos hacer menos, etc. y siempre tenemos una última parte de acciones. Dentro de la retro metemos otras prácticas, como el Happyness Index o Merit Money, que veremos más adelante.

Por lo general, siempre tenemos en cuenta todas las acciones que salen, que tienen que ver con todos los temas a mejorar que salen. En el caso de que nos salgan muchos temas a mejorar, lo que solíamos hacer es votar individualmente los que más preocupaban a cada uno, y los tres más votados, eran sobre los que proponíamos las acciones. Con esto, era cierto que nos quedaban temas sin tratar, los menos votados, pero dado que el volumen de temas a mejorar tampoco era tan elevado, decidimos generar acciones sobre todos los temas a mejorar que salieran, meter dichas acciones en un backlog y a partir de ahí, priorizar sobre todas las acciones del backlog para ver cuáles se llevaban a cabo inmediatamente.

Como decía al principio, la retrospectiva es una herramienta muy poderosa para los equipos, siempre que se haga bien. Lo más importante es la participación y honestidad, que salgan acciones a llevar a cabo con sus responsables y que se haga seguimiento de dichas acciones para medir su efecto e impacto.

La guía Scrum de 2020 define la Retrospectiva como sigue:

*El propósito de la retrospectiva Sprint es planificar formas de aumentar la calidad y la eficacia.*

*El equipo de Scrum inspecciona cómo fue el último Sprint con respecto a individuos, interacciones, procesos, herramientas y su definición de Hecho. Los elementos inspeccionados a menudo varían según el dominio del trabajo. Las suposiciones que los desviaron se identifican y se exploran sus orígenes. El equipo de Scrum analiza qué fue bien durante el Sprint, qué problemas encontró y cómo esos problemas fueron (o no fueron) resueltos.*

*El equipo de Scrum identifica los cambios más útiles para mejorar su eficacia. Las mejoras más impactantes se abordan lo antes posible. Incluso se pueden agregar al Sprint Backlog para el próximo Sprint.*

*La retrospectiva Sprint concluye el Sprint.*

## Definition of Done (DoD) y Definition of Ready (DoR)

El DoD es el acuerdo de equipo que se establece para considerar que algo está terminado y listo para entregar y ser puesto en entorno productivo. Nosotros, como equipo, tardamos mucho tiempo en tenerlo. En los inicios básicamente decidía el propio programador lo que estaba listo y en la review se revisaba, pero sin entrar en mucho detalle.

Para nuestro DoD nos servimos de unas cartas que proporciona Management 3.0. Estas cartas abarcan varios puntos fundamentales sobre documentación, pruebas, revisiones, etc. La dinámica para decidir este acuerdo fue la de hacer una revisión de las cartas con todo el equipo. Había tres posibles decisiones para cada carta: sí la contemplamos como parte de nuestro DoD; no la contemplamos; y de momento no la contemplamos, pero quizás en un futuro sí lo hagamos. Por cada carta, el equipo decidía la respuesta. Si esta estaba clara, la movíamos a la columna correspondiente. Si la respuesta no estaba clara, se discutía hasta llegar a un consenso o bien si superábamos un tiempo máximo de discusión sin llegar a acuerdo, se movía directamente a la columna que representaba a que de momento no la tendríamos en cuenta, pero podríamos tenerla en cuenta en un futuro próximo. Este mismo ejercicio lo hicimos para cada una de las cartas hasta completarlas todas. Adicionalmente, completamos tarjetas nuevas que no venían en la dinámica para completar el acuerdo final del equipo.

El DoD hay que tenerlo muy presente siempre si queremos usarlo bien y que todo el equipo entienda qué entendemos por hecho. Lo teníamos publicado en un sitio (en un Mural) pero no llegaba, no lo visualizábamos siempre y muchas veces no estaba presente o se nos olvidaban ciertas cosas. Lo que decidimos fue meterlo al final de cada una de las tareas que creábamos. De esta forma, cada tarea tenía la información sobre lo que había que hacer, y adicionalmente, visualizábamos siempre nuestro DoD para tenerlo presente.

El DoD es una parte muy importante del equipo. Además, debe ser dinámico y vivo, resisándolo y adaptándolo cada cierto tiempo según las necesidades, contexto y, sobre todo, madurez del equipo.

Finalmente tenemos el DoR. Conviene comentar que este DoR no es un artefacto de Scrum, solo el DoD lo es. Viene a representar el acuerdo de equipo para decidir cuándo una tarea tiene la información necesaria o está en un estado correcto para que sea candidata para meterse dentro de un Sprint. El ejercicio para obtenerlo fue exactamente el mismo que para el DoD. Management 3.0 tiene también unas cartas para preparar el DoR, las cuales usamos para crearlo.

A mí particularmente, no me gusta el DoR. Mal usado, puede ser demasiado restrictivo si lo usamos literalmente y perdemos esa capacidad de poder meter tareas que tengan cierta incertidumbre, adaptación, en los Sprints. Recodad que la incertidumbre es uno de los parámetros que se estimaban a la hora de puntuar las tareas con puntos de historia. El DoR, bajo mi punto de vista, tiene que ser una ayuda para ver cómo el equipo quiere que una tarea esté para poder ser abordada, pero no debería servir para dejar de meter una tarea dentro de un Sprint, para eso está después la planning y las distintas alternativas que se puedan plantear. Hoy en día, teniendo en cuenta esto, prácticamente hemos dejado de usar o tener presente el DoR, por los motivos comentados. De toda forma, si lo queréis usar, tenedlos en cuenta, y esa parte de mantenerlo visible y vivo, como el DoD, también aplica. Conviene revisarlo cada cierto tiempo y adaptarlo a las nuevas circunstancias.

La guía de Scrum nos habla sobre el DoD de la siguiente forma:

*La Definición de Hecho es una descripción formal del estado del Incremento cuando cumple con las medidas de calidad requeridas para el producto.*

En el momento en que un elemento de trabajo pendiente de producto cumple con la definición de hecho, se crea un incremento.

La definición de Hecho crea transparencia al proporcionar a todos una comprensión compartida de qué trabajo se completó como parte del Incremento. Si un elemento de trabajo pendiente de producto no cumple con la definición de hecho, no se puede liberar, ni siquiera presentar en la revisión de Sprint. En su lugar, vuelve al Trabajo pendiente del producto para su consideración futura.

Si la definición de hecho para un incremento forma parte de los estándares de la organización, todos los equipos de Scrum deben seguirla como mínimo. Si no es un estándar organizativo, el equipo de Scrum debe crear una definición de hecho adecuada para el producto.

Los desarrolladores deben ajustarse a la definición de Hecho. Si hay varios equipos de Scrum trabajando juntos en un producto, deben definir y cumplir mutuamente con la misma definición de hecho.

**Refinamientos**

El refinamiento no es un evento de Scrum, pero no cabe duda de que es muy útil para poder resolver dudas y preparar con todo el equipo las futuras tareas sobre las que trabajar.

Inicialmente no los hacíamos, con lo que llegábamos a las Sprint Planning sin tener las tareas preparadas, con lo que las explicaciones y discusiones se eternizaban, por lo que las primeras plannings nos duraban bastantes horas, entre 4 y 6 horas, lo cual se hacía bastante pesado, haciendo que la gente, conforme avanzábamos en la misma, dejara de participar y preguntar con el objetivo de acabar lo más pronto posible. Básicamente desconectaban.

Visto esto, vimos la necesidad de empezar a hacer refinamientos, sobre todo para las tareas más complejas. Intentamos agendar los refinamientos siempre a la misma hora y mismo día de la semana, uno o dos días de la semana. Empezamos a hacerlo así pero poco nos duró, ya que era complicado tener a todos disponibles en esa franja fija para realizarlo.

Lo siguiente fue hacerlo según la necesidad y según las agendas de las personas del equipo. Había Sprints donde no los hacíamos y había Sprints donde podríamos tener varios, pero a lo sumo dos, es decir, que tampoco nos excedíamos en ese 10% que recomienda la guía de Scrum. Y para que conste, aunque nos excederíamos algo más, tampoco pasaría nada si el tiempo está bien invertido.

Por lo general, en los refinamientos suele participar todo el equipo. Hay excepciones donde no es así, sobre todo cuando alguna tarea tiene mucha incertidumbre y hay mucho desconocimiento, donde participan solo roles más clave, con mayor conocimiento y que llevan más tiempo, con el objetivo de intentar orientar una primera solución o soluciones alternativas antes de presentar y revisar con todo el equipo. Es una cuestión de no desperdiciar el tiempo de todos y que todos nos sintamos valiosos también.

Es una reunión que deberíamos hacer más. Como PO puedes pensar que estás dando el suficiente detalle en una historia o tarea, que se entiende bien (pero ojo con crear descripciones interminables, porque seguramente líen más que ayuden) y, por otra parte, el equipo cuando se la explicas asegura que la entienden, y a lo mejor la entienden a su manera. Esta doble visión es la que hay que evitar para tener el mismo objetivo, y esto lo podremos conseguir con un buen refinamiento de las tareas, fomentando el feedback bidireccional. Si es necesario, apóyate en dibujos, la explicación visual es más efectiva para que se queden las cosas. Importante guardar el dibujo en un sitio visible por todo el equipo, y fácilmente consultable, para poder tenerlo a disposición siempre que se necesite y se pueda ir actualizando si hay algún cambio, de hecho, se debe ir actualizando con cambios si quieres que sea útil. Esto último es importante, debe estar vivo para reflejar el último estado y que sepamos qué es lo que se está pidiendo y qué es lo que debemos entregar.

Scrum comenta sobre el refinamiento lo siguiente:

*El refinamiento de Backlog del producto es el acto de descomponer y definir aún más los elementos de trabajo pendiente del producto en artículos más pequeños y precisos. Esta es una actividad en curso para agregar detalles, como una descripción, un pedido y un tamaño. Los atributos a menudo varían con el dominio del trabajo.*

## Kanban y visualización

Una de las partes más importantes que tenemos es el uso de una pizarra Kanban para visualizar las tareas, su estado y su flujo. La parte de visualización es muy poderosa, para el propio equipo y para que cualquiera, con un simple vistazo pueda saber cómo están las taras que tenemos, quién las tiene asignadas o si tiene bloqueos o no.

Como ya hemos comentado, esta pizarra está presente en el día a día del trabajo de todo el equipo, siempre se visualiza en la daily y es muy importante tenerla bien actualizada para que sea lo más transparente posible y podamos adaptarla al contexto actual.

De Kanban también estamos haciendo uso de otra práctica muy importante, limitar el trabajo en curso, el famoso wip. Con esto, algunas de las columnas que tenemos tienen un límite máximo por el que no podemos sobrepasar el número de tareas en esa columna. Por ejemplo, en la columna de las tareas en curso, tenemos limitado el número máximo de tareas según esta regla: 2n-1, siendo n el número de personas en el equipo. Es una regla genérica, por la que no podemos tener a todo el equipo ocupado con dos tareas a la vez, al menos una persona solo puede tener una sola en curso. Obviamente, esta regla habrá que adaptarla a vuestras circunstancias particulares y vuestro contexto. También es buena práctica aplicar distintos wips a distintas columnas, por ejemplo, el wip de las tareas en curso sería más alto que el wip de las tareas que están siendo testeadas por pares o QA, de esta forma, priorizas o te centras en librar antes esas que tomar una nueva tarea (la ley del cerrar antes que abrir). Y aquí viene una clave muy importante, esto nos ayuda, si lo tenemos bien limitado, a intentar cerrar las tareas antes que abrir nuevas, y nos ayuda a intentar cerrar las tareas más a la derecha de nuestro flujo, ya que son las que menos esfuerzos requieren para ser cerradas, y así, vas entregándolas al cliente. Imaginaos un escenario donde tuviéramos todo abierto, en curso, pero nada cerrado. Es el peor escenario que uno puede tener.

Todo esto parece una obviedad, pero un equipo poco maduro, cuando empieza a visualizar esto y a limitar así las columnas, os llevaréis muchas sorpresas. Las personas, por mantenerse ocupadas, suelen abrir más que cerrar, teniendo demasiadas tareas en paralelo donde no damos atendido a ninguna de forma correcta, con lo que llegamos al final del sprint con todo abierto, pero nada acabado. Este es uno de los principales problemas que hemos tenido al principio, y que tienen los equipos poco maduros cuando empiezan. Recordad, fundamental el cerrar antes de abrir.

Una situación como la descrita en el párrafo anterior la detectáis bien en el Burndown Chart comentado previamente, donde verás una línea recta con pocas caídas porque no estás cerrando nada.

Lo bueno de Kanban es que nos dice que empecemos a usarlo desde dónde estemos en la situación actual del proyecto. Recuerdo aquí las 5 prácticas de Kanban:

- *Visualizar*
- *Limitar el WIP o trabajo en curso (Work In Progress)*
- *Gestionar el flujo*
- *Hacer explícitas las políticas*
- *Proporcionar feedback loops*

**Escalado de equipos**

Tuve la oportunidad también de probar con un escalado de equipos, de experimentar la forma de hacerlo. El contexto son dos equipos: uno trabajando ya en Scrum, relativamente maduro y con horario local de España; el otro equipo, que colaboró durante varios meses en hacer una migración tecnológica de las aplicaciones del primero, nada funcional solo técnico, con una metodología más en cascada y de ordenar y controlar. Pasado ese período, tuvimos la oportunidad de que continuaran con nosotros. La peculiaridad de este equipo es que estaba ubicado en otro continente, con una diferencia horaria respecto a nosotros de -7 horas, es decir, nuestro mediodía era su primera hora de la mañana.

Unificar un equipo que está funcionando con gente de distintos husos horarios es complicado, porque tienes que cambiar todos los eventos para que puedan coincidir todos. Como dice en el libro de Team Topologies, ante esta situación, es muy fácil que la gente no quiera trabajar en esta situación, porque les rompes sus propios horarios, entre otros temas.

Yo quería verlos como equipos distintos, pero con mucha colaboración entre sí. Lo que se decidió fue, tener los equipos separados, ambos trabajando sobre el mismo Product Backlog, tener sesiones de sincronización en su primera hora con gente del equipo local. Tendríamos iteraciones cada dos semanas, sincronizadas con las del primer equipo, reviews con los perfiles clave del equipo local, donde también participa la QA del mismo y retrospectivas mensuales, mientras aún no tenga madurez, posteriormente la idea era hacerlas cada dos semanas también, coincidiendo con el fin de las iteraciones. Su backlog de trabajo es alimentado fundamentalmente en la salida de la planning del equipo local, aunque no es el único momento, ya que podría darse el caso de replanificar durante la iteración. Cada equipo maneja su propia pizarra para el trabajo del día a día en cada iteración y existe un cuadro de mandos donde visualizamos y unificamos todas las tareas, recordad que trabajamos sobre el mismo Product Backlog.

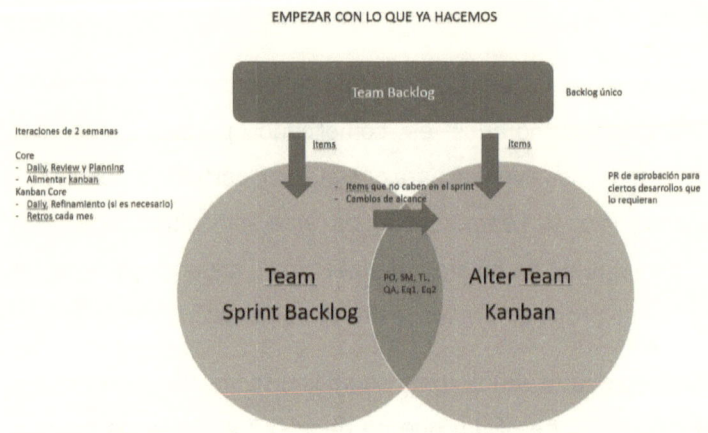

La idea de hacerlo así es doble: por un lado, tenemos cada equipo en su huso horario, lo cual simplifica el trabajo y las dependencias, salvo en puntos contados; por otro lado, podemos tener al equipo local para priorizar temas funcionales de negocio, un equipo más pegado al negocio local, y tener otro equipo más orientado a mejoras técnicas, deuda técnica o temas funcionales menos prioritarios o que no requieran de un contacto tan estrecho con el negocio local.

Creo que fue bien esta forma de trabajar. El cliente ve que estamos sacando cada vez más tareas, y los propios equipos lo ven bien porque, el equipo local ve que puede seguir mejorando las aplicaciones sin gran esfuerzo, y el equipo en otro huso horario sigue avanzando y evolucionando en los conocimientos de las aplicaciones a nivel funcional y técnico.

Obviamente no todo es tan bonito como suena, ya que el llegar a esa situación exigió un gran esfuerzo de alguna gente del equipo local para formar, enseñar y guiar al equipo no local menos maduro.

Cuando el equipo no local comenzó a ganar más madurez, decidimos unificarlo, pero eso queda para el siguiente apartado.

**Unificando equipos**

La parte del escalado fue un experimento que probamos varios meses, y aunque parecía funcionar, y dado que soy defensor de no escalar equipos y reducir burocracia (aunque repito, lo del escalado fue un experimento que quería probar), decidimos unificar los equipos.

Los problemas que nos encontramos con el escalado realmente eran conocidos previamente. Al final esas personas del otro equipo no estaban totalmente integradas y realmente estábamos duplicando varios eventos, entre ellos las dailys, es decir, todos los días teníamos a varias personas del equipo con las otras personas del otro equipo, y se solían alargar porque al final se solía aprovechar para hacer alguna revisión o replanificación/repriorización con la consiguiente explicación funcional y técnica de cada nueva tarea.

Este cambio es cierto que nos obligó a cambiar los horarios de los eventos a la tarde, para tener todos compatibilidad horaria, pero seguramente los beneficios sean mayores: dejamos de duplicar eventos y explicaciones, los equipos se sienten más integrados y arropados al trabajar todos juntos, todos tienen visión de todo en todo momento, porque también unificamos pizarras de trabajo para trabajar todos sobre la misma y por qué no, la gente está más expuesta, lo cual puede ser algo bueno para sentirse formar parte de un equipo.

Desde luego, todos concordamos en que la unificación fue mucho más ventajosa que la separación, por todo lo comentado, tanto a nivel de entregas como de equipo y personas.

Ya comenté que el escalado de Agile no me gusta. Antes que hacer esto, los expertos recomiendan trabajar en el backlog del producto, dividiéndolo, por ejemplo, aunque está claro que es más sencillo hablarlo que hacerlo. Recuerda además, que Agile está pensado para equipos pequeños de desarrollo de software, no para grandes equipos y grandes problemas.

## Adiós Scrum

Pues sí, en este punto, después de tantos años usando Scrum, hemos decidido dejar de usarlo o seguirlo. No es que Scrum no funcione, simplemente que no sabemos usarlo. Parece simple, pero es complejo por todo el contexto que debemos tener para seguirlo bien, y no hemos sido capaces de crearlo. Lo que hemos visto aquí es un ejemplo de cómo empezar a practicarlo, pero sin poder llegar a su máximo aprovechamiento.

Los primeros problemas que nos encontramos son que no somos capaces de crear un alcance lo más fijo posible al que el equipo se ha comprometido. Durante el sprint aparecen incidencias, aparecen casos de soporte y aparecen cambios de alcance solicitados por negocio, y todo esto por supuesto, más prioritario que las tareas del propio Sprint. Esto suponía otro problema, tanto cambio de contexto y tantas tareas sin finalizar al final del sprint minaban la confianza y estima del equipo, que veían que no estaban cumpliendo con lo que ellos mismos habían deseado y se habían comprometido.

De aquí podréis sacar varios pensamientos. El primero, reserva tiempo para incidencias y soporte. Ya lo hacíamos. El segundo, reserva a gente solo para soporte. Esto no lo hacíamos, porque el soporte o incidencias no era igual por sprint, entonces era complicado decidir si reservas una o dos personas, o más, al soporte. El tercero, di no a negocio para meter cosas nuevas, creo que aquí todos pensamos lo mismo, si algo no apareció al inicio de sprint de 2 semanas, seguramente no sea tan importante como para meterlo en el actual y no pueda esperar al siguiente, pero había que hacerlo, esto no pudimos cambiarlo. El cuarto, hay que abrazar el cambio, no nos gusta que nos modifiquen el alcance del Sprint, pero lo aceptamos. El problema aquí es que pasaba en todos los Sprints, no en unos pocos.

Ahora entendéis mejor por qué hemos decidido decirle adiós a Scrum. Pero, además, apareció otro maravilloso problema. Incorporamos al equipo 2 perfiles muy técnicos para dar un empujón a ciertas tareas, mejorar las aplicaciones y mejorar al propio equipo. Estas personas no participarían directamente en tareas funcionales del propio Sprint, pero sí podrían participar en deuda técnica o nuevas mejoras técnicas, con lo que era complicado ver su capacidad real en el sprint para decidir un alcance, y queríamos ver en la misma pizarra esas tareas para que todo el equipo fuera consciente.

Por todos estos motivos, nos hemos pasado a un Kanban. El objetivo es tener a todo el equipo y todas las tareas integradas en la misma pizarra. Hemos creado más columnas para tener todo más controlado, lo cual nos permite de un solo vistazo saber cómo está todo con visión global. Favorece también la replanificación y repriorización, y nos hace enfocarnos en hacer más entregas con menos tareas y en seguir avanzando las tareas en el flujo hasta conseguir cerrarlas, y todo de forma visual y gracias al wip y a que tenemos todo en una única pizarra.

Seguimos haciendo iteraciones de 2 semanas, con dailys, reviews y retros. También hacemos una planning dónde definimos un alcance estimado para esas 2 semanas, pero, aunque no deseamos que nos cambien el alcance, estamos más preparados a cambiarlo incluso por nosotros mismos, para lo que antes nos hacía daño, incidencias, soporte, nuevas tareas más importantes, etc.

**Hacer equipo**

Lo más importante para hacer que un equipo funcione y sea autoorganizado, es darle confianza y tener a gente motivada y responsable. Esto se va trabajando día a día durante todos los días. Una persona que no esté en este estado se nota y es capaz de bajar el nivel de todo el equipo.

Las rotaciones no deseadas son inevitables. Muchas veces una persona decide irse de un equipo o empresa, a pesar de estar a gusto o porque no lo está, hay muchos factores que influyen. Para protegernos de esto, lo más importante es tener el conocimiento distribuido, no en una sola persona. Para ello nos ayudará la matriz de conocimiento, como veremos más adelante.

Después tenemos las rotaciones deseadas, que es cuando el equipo quiere que una persona salga del propio equipo. Aquí, no nos tiene que temblar la mano y seguir adelante con esa rotación, pero siempre dando oportunidades y siendo respetuosos con la persona. En el equipo hemos tenido varias rotaciones deseadas, hemos aprendido a base de un error, pero lo hemos hecho, siempre con el objetivo de tener al mejor equipo, no en cuanto a conocimiento, sino en cuanto a motivación y responsabilidad, lo otro, llega con el trabajo del día a día. Esto, siempre contando con unos conocimientos mínimos claro, recordad que la parte técnica es muy importante. Si el proyecto es complejo y la parte técnica muy baja o nula, por mucha motivación o responsabilidad que haya, es contraproducente para el equipo y para esa persona en sí misma, seguir en esa situación. Lo mejor es ponerlo en un proyecto más sencillo para que pueda avanzar y no se acabe desmotivando.

El problema comentado antes, era por un chico que no estaba dando el rendimiento esperado ni estaba siendo responsable en su trabajo. Se ausentaba sin decir nada, no hacía caso a lo que se indicaba en las tareas y solía hacer interpretaciones de estas, con los consiguientes retrabajos e incidencias que suponía después. Esto estaba generando malestar en el resto del equipo, sobre una todo en una persona concreta. Se habló con el chico, decía que iba a mejorar, pero al poco tiempo, seguía igual. Se le dieron varias oportunidades, pero tardé mucho en reaccionar. Había roto a parte del equipo y, de hecho, una persona clave solicitó el cambio de proyecto. En ese momento, perdimos a dos personas, una deseada por reaccionar tarde y no tomar medidas, y la otra, por deseo del propio equipo.

Los sucesivos casos, tres más hasta la fecha, se trataron lo más pronto posible. Se levantó la mano, se dio un tiempo prudente de algunos meses, se hizo foco en darle formación y darle asistencia en los que necesitara, con el objetivo de que arrancara y volara solo en ese período. No se consiguió, pero al menos estábamos todos alineados en el objetivo que se perseguía. Al no conseguirlo, se decidió finalmente hacer la rotación.

Todas estas salidas y entradas en el equipo nos llevaron a preparar un buen onboarding al equipo y usar el Personal Map como presentación, además de la comentada de la matriz de conocimiento. Dos o tres técnicas que veremos más adelante. Al menos tomamos algunas medidas de mejora ante tal situación.

Como conclusión, que no tiemble la mano en rotar a gente que no quiera estar en el equipo de forma activa y responsable. A veces, es mejor romper un equipo que no funciona para hacerlo revivir y que empiece a funcionar como un equipo.

Otra parte importante es a quién metemos en los equipos. Algunos de los de "arriba" ven un recurso y un hueco, sin importar a quién se mete ni dónde se mete. Afortunadamente no todos son así, y yo ni mucho menos soy así. Siempre tienes que conocer a la persona, que no recurso, me da escalofríos cuando escucho llamar recurso a una persona, que vas a meter en el equipo. El objetivo, además de conocerla, es indagar sobre su motivación y sobre sus conocimientos técnicos, para ver que cumple con los requisitos necesarios. En este punto de la entrevista, es bueno involucrar a gente propia del equipo, y que tengan peso en la decisión final de si lo metemos o no, porque al final, en el día a día es con quienes van a compartir las horas de trabajo. Esta forma de actuar no significa que no metamos a personas con pocos conocimientos técnicos o recién salidos de la universidad o formación profesional, para nada, todos tienen cabida en los equipos, porque, además, si no fuera así, esto no se mantendría con todas las rotaciones no deseadas que hay, tenemos que generar cantera, con todos los riesgos que conlleve. La diferencia aquí es que ya asumes un riesgo ante una persona sin experiencia, algo que es menos justificable asumir con una persona con experiencia, aunque siempre debemos dar oportunidades y hacer crecer a las personas, pero llegados a un límite, hay que tomar decisiones que no gustarán a todos.

**Valor**

El valor, ese tema tan abstracto del que tanto se habla tanto en agilidad y que casi nadie explica, siempre hablamos de valor, valor, valor, valor, pero a veces, no está claro qué significa. Si pensáis que os voy a descubrir algo nuevo podéis dejar de leer, pero no quita que pueda dar mi punto de vista. De forma simple, valor es todo aquello que tu cliente/usuario/dueño del producto considera que le aporta algún beneficio, entendido como tal en mejora de uso, eliminar trabajo/desperdicio, ahorro de coste, etc. Yo no voy a decir qué es valor y qué no es, no voy a decir qué es beneficio y qué no, para eso, sí que tienes que seguir leyendo. Pero antes, una anécdota que he escuchado en la radio, que me viene al pelo para explicar esto.

Vamos con la anécdota, escuchada en la radio, que decía que aquella persona que es "monógama, que no viaja o que no lee, solo ha vivido la mitad". Una afirmación fuerte, ¿verdad? Siendo sincero, esto encaja conmigo, en parte claro. No entro en el primer punto, los números son relativos, para unos una cantidad puede ser mucho o poco. Para lo segundo, me encanta viajar. Para lo tercero, siempre he leído mucho, más o menos según la época, pero mucho. Pero claro, esta frase anterior es una opinión particular, que encaja con un porcentaje grande o pequeño de gente. ¿Por qué discriminamos al resto? ¿A esa gente que no le gusta viajar y que no le gusta leer? ¿Quiénes somos nosotros, a los que nos gusta esto, para decir que solo han vivido la mitad? Igual han vivido más, pero a su manera y de una forma totalmente distinta a la nuestra, pero han vivido una vida plena, según sus criterios.

¿Y esto, dónde encaja con ese valor que entregamos? Pues que decimos que el valor es una cosa, sin saber si esa cosa de verdad representa valor para quien la recibe. Quiero decir, siempre decimos que una historia de usuario o una nueva funcionalidad da valor al cliente, mientras que una incidencia o una deuda técnica no da valor. ¿En serio? La respuesta es fácil, depende. Depende, porque para el que maneja el producto, entiende el negocio, a lo mejor sí considera que la incidencia (entiéndase su resolución) o una deuda técnica (entiéndase su mejora) sí le aporta valor, mientras que a otro negocio considera que esto no aporta nada, solo aporta lo nuevo. O perfectamente, cualquier otro criterio.

En resumen, el valor no se copia, es uno de los mayores problemas que tenemos, que pensamos que el valor que da un equipo a un negocio lo podemos tomar como nuestro, y no es así. El valor se va descubriendo, se trabaja con nuestro negocio, porque ahí es donde realmente hay el conocimiento para definir lo que aporta (y si no malo).

# Parte II: Organización

¿Qué trabajos hemos hecho a nivel de organización y cómo?

Puntos para tener en cuenta, según la guía de Scrum, pero generalizando:

- *Liderar, capacitar y mentorizar a la organización en su adopción de Agile*
- *Planificar y asesorar sobre la implementación de Agile dentro de la organización*
- *Ayudar a las personas y a las partes interesadas a comprender y promulgar un enfoque empírico para el trabajo complejo*
- *Eliminar las barreras entre las partes interesadas y los equipos*

Una persona que quiera evolucionar y mejorar no se puede quedar solamente en el ámbito de equipos. Tiene que dar el salto hacia la evolución de la organización y lo que ella tenga para sostenerse. En este sentido, estuvimos trabajando con varias partes de esta y de nuestra estructura interna del cliente.

Para entender los siguientes apartados, tiene que quedar claro que mi principal tarea en la empresa era la gestión de producto. Esta parte de evolucionar otros equipos y compartir conocimientos y experiencias en Agile era por interés casi personal, porque me gustaba, con lo que se podría considerar algo secundario, pero ahí estaba.

**Comunidad de prácticas**

Tenía mucha curiosidad por Agile y ya había comenzado a formarme mucho por mi propia cuenta. Con otro compañero que también tenía conocimientos avanzados, de hecho, llegó a convertirse en Agile Coach en la compañía, nos pusimos en contacto, porque los dos buscábamos un espacio donde poder compartir todos los conocimientos e intentar ayudar a los equipos.

Con esto, decidimos montar una comunidad de prácticas para la oficina de Galicia y Asturias para fomentar todo lo de la agilidad. Poco a poco se fueron añadiendo al carro nuevos adeptos y fans de este mundo. Comenzamos a dar sesiones de formación presencial y online sobre introducción a la agilidad, Scrum, estimaciones en agilidad y algunas buenas prácticas realizadas en los equipos. La asistencia siempre solía ser buena, lo que demostraba que había interés por el tema. El principal problema era que no todas las personas que estaban encabezando la comunidad estaban en el mismo punto de conocimiento, por lo que sus discursos en las charlas eran, como diría el referente Javier Garzás, muy del lado oscuro y poco relacionado con las prácticas ágiles. Exactamente, el problema real de esto era que sí lo tomaban como prácticas ágiles de verdad. Los que más sabíamos de esto, los dos del principio, lo veíamos muy extraño, pero lo asumíamos, porque considerábamos que estábamos ahí para aprender y evolucionar y que nos estaba sirviendo para ese fin. Yo de hecho, me considero que sé poco y que siempre se necesita aprender más y formarse mejor para alcanzar un siguiente nivel, sin nivel final.

La comunidad duró varios meses, pero con el paso del tiempo dejó de funcionar, por dos motivos fundamentales. El primero de ellos, era el compromiso de los que la encabezábamos y la participación en la misma. La comunidad no se podía sostener solo con las dos personas que la iniciamos, necesitábamos más gente empujando la iniciativa, y no la había. El segundo motivo, fue una falta de objetivos comunes. Había una parte, en la que me incluyo, que buscaba que la comunidad fuera para promocionar la agilidad y buenas prácticas y estar de apoyo a quién tuviera dudas para guiarlos y que pudieran ser autosuficientes a la hora de resolver esas dudas. Pero había otra parte, que quería ir más allá, y era meterse en los equipos y estar más con ellos haciendo un coaching más cercado. A mí esa idea no me gustaba, porque suponía ir más allá en las tareas, invadir competencias que por aquel entonces no teníamos y, sobre todo, porque veía que, si la gente ni siquiera tenía tiempo para asistir a las reuniones semanales de la comunidad y hacer unas tareas mínimas, menos aún tendría tiempo para pararse y meterse con los equipos a trabajar codo con codo con ellos. Y el tiempo me dio la razón, yo dije que la comunidad decidiera por dónde quería ir, y que, si iba por ese camino, yo no podría participar, y personalmente tampoco quería hacerlo. No se decidió ir por ahí y nadie más movió un dedo por hacer nada, con lo que nos quedamos de nuevo dos personas, pero porque el resto seguían sin tiempo para la iniciativa, con lo que acabó muriendo.

Esta situación delata algo muy importante, y es que tenemos que buscar la sostenibilidad de las iniciativas teniendo nueva gente que las promueva, si no tenderá a morirse, necesitamos impulsores de las iniciativas, más allá de la gente que las inicia.

**People**

Pronto se corrió la voz de lo que estábamos haciendo, lo que da a entender que lo estábamos haciendo bien. A partir de ahí, otras áreas de la oficina empezaron a preguntarnos sobre estos temas, cómo trabajar, digamos, de otra forma.

La de People (antiguo Recursos Humanos) fue la parte más verde que nos quedó por ver. Trabajamos mucho la parte de la visualización e intentar hacer flujos de valor para ver qué puntos eran los más problemáticos y burocráticos, para intentar eliminar desperdicios y ver cómo podíamos abordarlos. Concluimos que por nosotros solos no podríamos avanzar mucho en ese sentido, porque dependían de otras decisiones más globales de la empresa, ya que estaba demasiado burocratizado, y lo dejamos parado.

Lo que también veíamos era que teníamos que ser más rápidos con las entrevistas y la toma de decisión, porque por esa burocracia interna, muchos candidatos se caían por el camino antes de poder ofrecer una carta de oferta. Y el consejo más importante, dar siempre feedback, lo más pronto posible al candidato, sea cual sea la decisión, ya que siempre queda mejor decir algo que no decir nada, incluso cuando la respuesta sea negativa, ya que el candidato seguro que lo agradecerá y le servirá para mejorar en la siguiente entrevista.

Hay que comentar que aquí no éramos responsables de ninguna transformación, simplemente se nos pidió ayuda para ver cómo podían mejorar, ya que este trabajo lo estábamos haciendo con nuestros propios equipos.

**Servicios generales**

De nuevo otra colaboración en la que no éramos responsables de ninguna transformación. Simplemente nos pidieron ayuda para poder mejorar. Nos centramos mucho en visualización, nuevamente y en trabajar de la misma forma, ya que cada persona hacía las cosas muy a su manera, usando herramientas totalmente distintas. Simplemente con estos dos puntos, más ciertas reuniones de sincronización (o dailys), la mejora que han vivido fue abismal.

La gran ventaja de este grupo fue que las personas involucradas querían mejorar y evolucionar de verdad, con lo que fue muy fácil que encontraran tiempo para experimentar y poner en práctica todo lo visto y además había voluntad y motivación para seguir mejorando por ellas mismas, sin necesidad de que interviniéramos más, porque recordad, que no era nuestro trabajo principal. Esto facilitó mucho el trabajo, y de hecho, una de las chicas de este grupo se convirtió en una referente de la oficina en temas Lean tras estos trabajos previos, y sobre todo, porque era su deseo el seguir impulsando ese conocimiento y esas mejoras en su trabajo.

**Charlas en la universidad**

Tuve la suerte también de participar en varias charlas en la Facultad de Informática de la Universidad de A Coruña, para los alumnos de último año de máster. En ellas, unos compañeros Agile coach y yo dábamos una introducción a la agilidad y a scrum, poniendo casos prácticos y muy enfocados a la realidad profesional. En siguientes versiones, si se da el caso, a mi particularmente me gustaría enfocarlo aún más hacia la realidad profesional, la cual no es tan bonita como la teoría, pero creo que es más importante dar esa visión a los alumnos, que acabarán por incorporarse al mercado laboral y enfrentarse con estos problemas.

**Equipos internos del cliente**

**Seguimiento y KPIs**

Era consciente de que todo lo que no medimos no se puede mejorar, por lo que para el equipo Scrum había preparado una Excel de seguimiento para trasladar datos de cierre de los Sprint y analizar los resultados finales. Datos como tareas resueltas, incidencias resueltas, tareas no finalizadas, porcentaje de tareas no finalizadas frente al total de las tareas, etc. Teníamos una medición muy importante y era el tiempo dedicado a soporte y de dónde venía el soporte recibido durante el Sprint. Esto nos permitió ver que era demasiado, lo cual favoreció la decisión de delegar el soporte documentado nivel 1 a un equipo transversal para atenderlo, y el equipo de desarrollo quedar como un soporte N2 y N3. De forma resumida, medíamos todo aquello que considerábamos que nos iba a aportar de cara a buscar mejoras en el corto plazo.

Esto gustó mucho y se decidió que todos los equipos hicieran lo mismo. Hice sesiones para presentar lo que medíamos y cómo lo medíamos y como era de esperar, el resto de los equipos tendrían que hacer muchas adaptaciones para aportar esta información. No era de extrañar, que lo vieran como un trabajo extra en lugar de verlo como inversión de tiempo para poder ver cómo estábamos y buscar mejoras, por lo que surgieron bastantes detractores. Afortunadamente, un número importante de equipos lo veía como algo bueno y que les permitiría conocer información sobre cómo estaban trabajando y en qué podrían mejorar.

Todo este trabajo lo estuvimos haciendo durante varios meses y se utilizaba para hacer seguimiento de los equipos con el cliente. Pero llegó un momento en el que estos seguimientos se dejaron de hacer, con lo que los equipos dejaron de hacer también ese seguimiento, ya que nadie les obligaba a hacerlo, salvo el nuestro, porque sí estábamos concienciados en que teníamos estos datos para buscar mejoras en el corto plazo. Hoy en día, lo seguimos haciendo.

Mucha gente dice que no les gusta usar jira para la gestión de sus tareas, que prefieren miro o mural u otra herramienta visual similar. Pero una plantilla es muy bonita, eso sí, pero complicado automatizar el obtener métricas, y ya se sabe, lo que no se mide no se puede mejorar, y mejor aportar valor en entregas que no en sacar datos manuales. Si solo hubiéramos tenido los datos en un Mural o Miro, no habríamos podido sacar toda esta información tan rápido. Automatiza lo que puedas e invierte el tiempo en lo que realmente tenga valor.

## Trabajo en remoto deslocalizado

Llegó un punto en el que no encontrábamos perfiles locales, a nivel de Galicia, para satisfacer las necesidades del cliente. Se decidió deslocalizar los perfiles de los proyectos y el primer caso de éxito de nuestro cliente fue precisamente el equipo Scrum que tenía. Había mucha voluntad de que esto funcionara e hicimos todo lo posible para ello, ya que otras experiencias pasadas no habían funcionado tan bien como se deseaba.

Poco a poco se fueron incorporando más equipos bajo este paradigma y tuve la misión de velar por el buen funcionamiento de estos, viendo problemas y proponiendo soluciones, dado que a nosotros nos estaba yendo muy bien.

Lo que promovimos en nuestro equipo era fundamentalmente, comunicación constante cuando fuera necesario y transparencia. Esto era algo que en otros equipos no había o no se estaba dando de forma completa, por lo que había casos donde no estaba funcionando bien, e incluso estaba funcionando mal porque las relaciones no eran las mejores del mundo, creando rencillas entre miembros de los equipos. Otro problema que teníamos era que no teníamos los mismos objetivos muchas veces. Como resultado de todo esto, me inventé la casa CAR para mostrar la relación, valores y principios que deberían tener los equipos para funcionar de forma correcta, que la puedes ver en el siguiente gráfico.

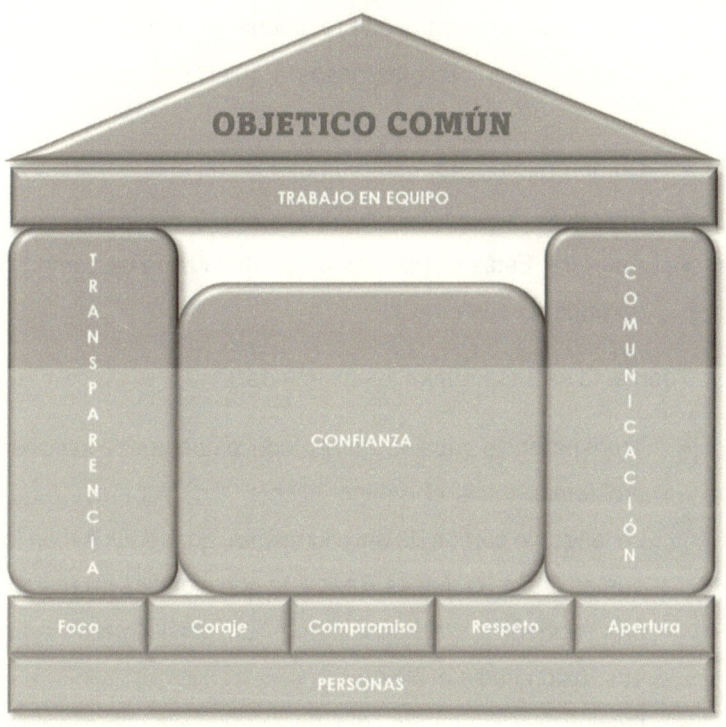

La base de la casa está formada por Personas, son la clave para sacar adelante los proyectos, servicios y/o productos. Son la clave que determinan el éxito o fracaso de una actividad, sin ellas, los trabajos no saldrían hacia delante, además, todas tienen que estar enganchadas y remar en la misma dirección para que todo salga bien. Las personas motivadas son mucho más productivas, y eso es una realidad.

Estas personas deberán tener los siguientes valores (¿te suenan de Scrum?):

- Foco: Centrarse en lo que realmente es importante
- Coraje: Saber decir las cosas a quien sea, saber decir NO,
- Compromiso: Estar comprometidos con lo que hacemos
- Respecto: Respetar a los compañeros y al cliente
- Apertura: Estás dispuestos a salir de la zona de confort y aprender cosas nuevas

Todo esto se sustenta en los pilares de:

- Transparencia: para visibilizar todo lo que pueda suponer problemas hacia el equipo, cliente, etc. Debemos tener un lenguaje común de entendimiento, que todos sepan lo que es Done, lo que es Ready, lo que significa un riesgo, una incidencia, un impedimento, un perfil determinado, etc. Visión hacia el cliente
- Comunicación: Fluida, constante empática y asertiva, entre los miembros del equipo y pensando que somos un único equipo, evitando los juicios y las ideas preconcebidas. Acordar mismo canal de comunicación. Tiene que ser bidireccional, transparente y constante
- Confianza: pilar central, la generamos y obtenemos poniendo en práctica todo lo demás

Si tenemos equipos así, tendremos equipos trabajando unidos en un ambiente agradable y motivados caminando hacia un fin, hacia **un objetivo común**.

Lo que realmente nos permitió empezar a trabajar de forma correcta, fue el irnos a un modelo Agile, usando el framework Scrum, porque ahí había mucha más transparencia, comunicación y en muchos equipos, el cliente participaba activamente, con lo que había más exposición de todos los miembros.

Todo esto también nos sirvió para ir estableciendo acuerdos de equipo, con todo el personal deslocalizado y teletrabajando, por ejemplo, reuniones por Teams con la cámara encendida, ser puntuales, ser participativos, dejar el móvil de lado, etc.

**Evolución Agile**

Previamente comentamos que nuestro cliente estaba en plena transformación Agile de los equipos. Queríamos ser referentes del mismo y mi equipo era uno de los más avanzados en agilidad y scrum, con lo que tuve la misión de liderar esa transformación interna de nuestros equipos que estaban trabajando con el cliente. Imaginaos en este contexto, equipos trabajando con distintas metodologías, gente distribuida en toda España y al otro lado del continente, iba a ser un trabajo complicado. Como no, lo primero fue certificarme en Scrum.org como Scrum Máster, aunque no fuera ejercer de ello, como si la certificación me fuera a dar super poderes. Tampoco quiero que se malinterpreta, es de agradecer que te formen, te paguen una certificación y aquí lo más importante, durante el proceso formativo tienes experiencias prácticas con otros compañeros y es ahí donde puedes obtener el valor de estas formaciones.

El primer paso era medir los equipos, cómo estaban en agilidad. Unos 20 equipos para hacer un assessment y ver su nivel, esto realizado por un Agile Coach. El socio responsable no veía bien toda la inversión que se iba a hacer respecto a esto, era mucho dinero, ya que cada assessment tenía un coste asociado. Aquí fue mi primera gran propuesta: hacer un piloto con tan solo 5 equipos, 2 de ellos muy maduros, 2 poco maduros y 1 en el que ni siquiera haya empezado con nada de agilidad/scrum. Mediríamos estos equipos y experimentaríamos con ellos lo que habría que hacer antes de abordar el resto. La idea era tener algo lo más pronto posible para probarlo y trabajar a partir de ello. ¿Os suena de algo? ¿Quizás un MVP (Mínimo Producto Viable) o POC (Prueba de Concepto)? Sí, esa era la idea. El objetivo de hacer esto también era sacar de esos 5 equipos a algunos impulsores del cambio, que pudieran apoyar al resto de los 15 equipos en su proceso de transformación.

Relacionado con todo esto, pasamos por varias etapas, u olas de transformación, como a mí me gustó llamar, que detallaré a continuación. El objetivo estratégico era claro, ser referente dentro del cliente.

**Primera ola**

La primera ola de la transformación fue medir el punto de partida de cada uno de los proyectos incluidos en el piloto. Para ello, se contrataron los servicios de un Agile Coach para realizar el assessment. Este assessment consistía en una serie de reuniones: la primera de ellas era conocer el contexto del equipo y cómo se estaba trabajando actualmente dentro del equipo y con el cliente; la segunda de ellas era la del propio assessment, respondiendo a una serie de preguntas; la tercera, tras el período de análisis de esas respuestas, el Agile Coach preparaba el informe resultado proponiendo las mejoras identificadas para seguir evolucionando y las acciones concretas para llevar a cabo.

El resultado final de todo esto fueron cinco informes, uno por equipo, con las acciones a llevar a cabo. Todas esas acciones las llevé a un planner por equipo, para tenerlas visualizadas. Una vez al mes hacíamos una reunión de seguimiento de estas. El objetivo era que cada equipo tomara suyas las acciones propuestas y las ejecutara. En estas sesiones veíamos qué avances había en las mismas, qué problemas se habían tenido al llevarlas a cabo para que, entre todos, pudiéramos alimentarnos de los problemas conocidos y ver posibles soluciones, para no caer todos en lo mismo. También teníamos que salir con un compromiso de qué íbamos a hacer durante el siguiente mes relacionado con las acciones de mejora. Como siempre, algunos equipos iban más evolucionados que otros, y, como siempre, algunas personas o equipos tenían más voluntad que otros en llevarlas a cabo.

Echamos con esta forma de trabajar varios meses donde sí se apreciaron mejorías. Pero necesitábamos seguir evolucionando y saltar a un siguiente nivel.

Tras leer el libro de Lean Change Management, de Jason Little, donde hablaba de los Lean Coffees, como espacios para hablar de temas que nos preocupaban, buscar soluciones entre todos y adelantarnos a los problemas que pudieran ir apareciendo, decidí crear los Agile Coffees, una vez por semana, para tratar estos temas dentro de nuestros propios equipos.

Todo esto se presentó a los de "arriba" y fue algo que gustó mucho. Ver la situación actual de los equipos y las acciones propuestas de mejora. Esto ayudó a seguir avanzando y que se permitiera seguir trabajando con el resto de los equipos del cliente.


## Segunda ola

La segunda ola de transformación tenía doble objetivo: el primero de ellos era medir cómo estaban el resto de los equipos en la cultura y trabajo Agile; el segundo de ellos era empujar, con la ayuda de expertos, la ejecución de esas acciones de mejora.

Para el primer objetivo, se realizó el assessment para el resto de los equipos. Para alguno de ellos, participé directamente en hacerlos para tenerlos cuanto antes.

Para el segundo objetivo, se contó con un porcentaje de dedicación de Agile Coach para que estuviera facilitando y enseñando a los equipos, y ayudara a ejecutar las acciones de mejora. Como eran muchos equipos y el porcentaje de horas del agile coach era pequeña, se seleccionaron nuevamente pilotos más estratégicos de cara al cliente donde pudiera dar apoyo.

Esta fase duró bastante más tiempo que la primera. El tener a una persona involucrada con los equipos los ayudó mucho a mejorar. Posteriormente, se logró tener la colaboración de un porcentaje de otro Agile Coach, sumando entre los dos una persona a tiempo completo. Así se podrían dividir entre varios equipos y los equipos también tenían distintas visiones, no sesgadas solo desde un punto de vista.

En este punto seguimos con los Agile Coffees, revisando las preocupaciones de los equipos y proponiendo soluciones para que las ejecutaran. Aquí empecé a intuir los primeros problemas del proceso. Cada cierto tiempo, los temas que preocupaban o se convertían en problemas, se repetían, y muchas veces por las mismas personas o equipos. Esto llevaba a pensar que las soluciones propuestas, quedaban en un cajón vacío, esos equipos no las llevaban a cabo y ni siquiera las probaban, por eso para ellos siempre el problema planteado, era un problema permanente. Se veía poca voluntad de probar cosas y estaban mucho a la espera de que alguien de fuera se lo viniera a resolver. Esta mentalidad es muy mala, porque nos lleva a la inacción y a estar con problemas siempre, sin poder evolucionar.

Cada vez veíamos menos que este proceso no era de transformación, porque los equipos realmente no se iban a transformar, por la propia cultura de la empresa y casi del cliente, no iban a pasar de una forma de trabajo a otra de forma permanente. Necesitábamos reenfocar el proceso.


**Tercera ola**


En la tercera ola decidimos llamar al proceso como una evolución de equipos y la forma de trabajar, en lugar de una transformación. No nos íbamos a transformar, pero sí queríamos que los equipos vieran la necesidad de hacer las cosas de modo distinto y tomaran la evolución y mejora continua como algo normal.

Al final no era transformación, porque solo tocar los equipos de trabajo no llega. Si no cambia también la parte de arriba, no hay transformación, y la realidad es que ellos no necesitaban cambiar. Por eso pasamos a hablar de evolución de equipos y acciones para buscar mejores formas de trabajar dentro de los equipos.

Creamos un equipo de evolución para realizar los primeros trabajos, llegar a acuerdos y ver cómo enfocábamos lo que queríamos hacer. Durante este período dejamos de contar con la participación del Agile Coach, y la iniciativa ya quedó solo en manos de este nuevo equipo para intentar garantizar la sostenibilidad de esta.

El método que se seguía fue con OKRs en ciclos de tres meses aproximadamente. Estábamos un total de 5 personas en el equipo.

**Cuarta ola**

Desgraciadamente no hubo una cuarta ola. De las 5 personas del grupo íbamos a las reuniones los 2-3 de siempre. Nuevamente estaba repitiendo los problemas de las iniciativas iniciales, no había impulsores nuevos y la gente no tenía ganas de evolucionar, se excusaba nuevamente en que no había tiempo. Además, se unió que la iniciativa Agile de cliente se había parado, dejando a cada equipo su evolución y la decisión de seguir su propio camino. Imaginaos que si cuando el cliente estaba inmerso en la transformación Agile los avances eran pocos, ahora iban a ser nulos.

Por mi parte ya llevaba varios años con estos impulsos de equipos y quería reenfocar mi visión a exclusivamente la gestión de producto, sin dejar de lado, eso sí, la evolución y mejora de mis propios equipos, y dedicar mi tiempo y esfuerzos en temas que de verdad fueran salir, al menos, que dependieran de mi para llevarse a cabo. Por lo tanto, decidí dejar el grupo, con lo que la iniciativa se paró. Sin estar yo, nadie quería continuar con ella, desgraciadamente. Nuevamente el problema de la falta de impulsores.

No desaparezco del todo, pero sí quedo en segundo plano y más reactiva a dar ayuda a quién la solicite. Habíamos construido un espacio de buenas prácticas para quien quiera consultarlo y probarlas, pero ya no voy o vamos a perseguir a la gente para que intente mejorar, si ellos no quieren, no podemos forzar a que la gente evolucione, pero al menos sí hemos intentado crear entornos que condujeran hacia esa evolución.

Siendo realistas, cuando no hay un deseo claro de cambio de la alta dirección y de los propietarios de la empresa, es mejor no gastar las energías en esto, ya que solo da sus frutos durante un corto período de tiempo, en el mejor de los casos. Bajo estas circunstancias, lo mejor es introducir buenas prácticas para que los equipos puedan mejorar y evolucionar. Una vez que descubrimos nuestras fortalezas, sabremos dónde invertir nuestro tiempo y energía.

**Formaciones**

Una de las actividades que llevé a cabo dentro de esa transformación Agile de los equipos, fue el de formar a todas personas en Agile. Hicimos varias sesiones con más de 100 personas con cursos de Introducción a la agilidad y un Taller de Scrum.

Fueron unos meses duros porque tuvimos que planificar muchas sesiones para mucha gente en unos 3 meses, por compromisos con el cliente. Pero la verdad es que fue algo muy bonito y dónde descubrí que también me gusta dar este tipo de formaciones.

Siempre intentamos que las sesiones fueran lo más prácticas posibles, escapando de teoría y buscando el resolver dudas y poner situaciones reales sobre la mesa para discutirlas. Creo que fue una de las partes más bonitas de todo este proceso.

**Entrevistas**

En mis etapas previas de Team Leader empecé a colaborar en entrevistas técnicas a los candidatos que habían postulado para la empresa. La primera entrevista la recuerdo perfectamente, me dieron una lista pequeña de posibles preguntas, me dejaron solo y adelante, a la entrevista. Realmente no me importó demasiado, hay que lanzarse y probar. Entrevisté a una chica que al final acabamos metiendo en la empresa y en mi proyecto. Hay que atreverse, cada una que haces es un momento de aprendizaje, con lo que la siguiente siempre saldrá mejor. Durante todo ese tiempo, hice muchas entrevistas técnicas a muchos tipos de perfiles. Con muchos acerté, y hoy en día siguen en la empresa, con otros no acerté cuando les di el visto bueno, y esos ya no siguen en la empresa. Con los que ya no les he dado el visto bueno, pues ahí ya no sé si llegué a acertar o no, quizás algún día lo sepa de alguien en concreto, nunca se sabe.

También me tocó entrevistar a algún perfil más específico, como una Scrum Máster. Era la primera vez y preparé una serie de preguntas, donde algunos Agile Coach me completaron alguna y me aconsejaron hacer preguntas muy orientadas a la práctica y situacionales, y menos a la teoría. Por si os sirve de ayuda, he aquí la lista de preguntas que lancé. La conversación de estas preguntas generó una entrevista de algo más de una hora.

**Contexto**

1.      ¿Cómo es tu día a día como Scrum Máster?

2.      ¿Cómo es un sprint del equipo de inicio a fin? Eventos, estimación, asignación de tareas, etc.

3.      ¿Cuántas personas sois en el equipo?

4.      ¿Qué roles tenéis?

5.      ¿Cómo definís el Product Backlog?

6. ¿Quién y cómo lo ordena?

7. ¿Cuánto tiempo llevas como SM de forma continua?

8. ¿Cuántos equipos?

9. ¿Solo tienes el rol de SM o lo compartes con otro rol dentro del equipo o la empresa?

10. Duración del sprint y por qué

11. ¿Tomas decisiones técnicas o funcionales o de desarrollo?

12. ¿El PO es PO o es jefe de proyecto? ¿O tú?

13. ¿Qué pasa si el PO nunca está disponible? ¿Cómo actuarías?

14. ¿Tenéis relación con equipos de fuera del Sprint? ¿Cómo se gestiona eso?

15. ¿Cómo gestionas los conflictos dentro del equipo?

16. ¿Eres el responsable siempre de eliminar los impedimentos?

17. ¿Cómo fomentáis la transparencia, inspección y adaptación?

**Formación**

1. ¿Conoces el manifiesto ágil?

2.    ¿Tienes certificación de SM? ¿Otra? ¿Cursos?

3.    ¿Qué blogs sigues o tienes?

4.    ¿Último post leído?

5.    Último libro leído finalizado o en curso

6.    ¿Das formaciones al equipo u otros equipos?

**Preguntas situacionales**

**Planning**

1.    ¿Cómo decidís las tareas que entran?

2.    ¿Estimáis? ¿Quién y cómo? ¿Desacuerdo en las estimaciones? ¿Participas en ellas? ¿Qué opinión tienes sobre la estimación?

3.    ¿El equipo puede decidir lo que va o no va?

4.    ¿Qué pasa si el PO exige meter más cosas de las que el equipo cree que puede hacer? Presiones de PO o negocio

5.    ¿Tenéis en cuenta capacidad y velocidad?

**Daily**

1.    ¿Qué objetivo se busca con la daily?

2.    ¿Qué pasa si el PO empieza a preguntar en la daily como un control?

3.    ¿Cuánto tiempo os dura la daily? ¿Cómo la hacéis?

4. ¿Qué pasa si se extiende de los 15 minutos?

**Transcurso Sprint**

1. Si alguien enferma o tiene ausencia larga, ¿qué hacéis?

2. ¿Qué hacéis si el cliente o el PO os pide añadir algo nuevo? ¿Se pueden hacerlos?

3. ¿Soléis extender la duración del sprint si falta poco para alguna tarea?

4. ¿Cada cuánto cambiáis la duración del Sprint? ¿Por qué?

**Review**

1. ¿Cómo la hacéis? ¿Solo demo? ¿Se revisa a futuro?

2. ¿Quién asiste?

3. ¿Qué pasa con las tareas que no finalizáis?

**Retrospectivas**

1. ¿Cómo las realizas? Técnicas

2. ¿Haces siempre la misma o varías?

3. ¿Quién participa?

4. ¿Cómo fomentas la participación?

5. ¿Sacáis acciones de mejora siempre?

6. ¿Revisáis acciones de mejora anteriores?

7.     ¿Se llevan a cabo en el Sprint acciones de mejora?

**Refinamientos**

1.     ¿Los hacéis?

2.     ¿Para qué?

3.     ¿Ventajas?

**Casos abiertos**

1.     Técnicas de mejora de equipo: desarrollo, productividad, motivación, etc.

2.     ¿Qué métricas usáis para ver el rendimiento en la entrega de valor?

3.     ¿Generáis acuerdos de equipo? ¿Cómo? ¿Cada cuánto los revisáis? ¿Qué importancia les das?

4.     ¿Documentáis? ¿Qué? ¿Por qué?

5.     ¿Cuál fue tu mayor éxito como SM?

6.     ¿Cuál fue tu mayor fracaso como SM?

7.     ¿Qué aprendiste de ese fracaso?

8.     ¿Qué crees que deberías mejorar como SM?

9.     ¿Por qué quieres ser Scrum Máster? Motivación

# Parte III: Formación

*Un pequeño mundo, bello y ceñido, donde nada cambia, las criaturas que viven en él son dinosaurios y morirán. La clave no es ser dinosaurio. Si estás en una condición de equilibrio, estás muerto. El mensaje de fondo es simple: no hay salida.*

*Jeff Sutherland*

*Aprendizaje continuo, aprende, aprende, aprende... nuestra industria cambia muy rápido y tenemos que cambiar con ella. Y, además, enseña, aprende a enseñar.*

*Robert C. Martin*

*No lo sabemos todo e incluso cosas que podemos creer que son así ahora, podrían ser totalmente distintas conforme se vayan realizando estudios y pruebas.*

*Yuval Noah Harari, Sapiens*

Una de las primeras cosas que hice fue sacarme la certificación de Scrum Máster, por Scrum.org. Para mí fue útil porque sí estábamos trabajando con Scrum e intentábamos de forma activa el mejorar en el día a día. Pero tengo compañeros que también la sacaron y nunca hicieron uso de sus enseñanzas. Estábamos en ese momento de certificar por certificar.

Después leí mucho por mi cuenta, muchísimo: libros, cursos, charlas, podcasts, artículos, etc. Iba aprendiendo mucho, pero también conforme leía y leía, llegó un punto en el que ya todas las formaciones, artículos, etc. me parecían iguales. Siempre contaban lo mismo, mucho a nivel teórico y sin casi bajar a la práctica. Esto me llevó a ser mucho más selectivo a la hora de hacer algún curso o interesarme por algún artículo o libro.

Sobre las certificaciones, si te las pagan, hazlas, algo aprenderás y siempre quedan bonitas en tu CV. Pero son solo eso, certificaciones para coleccionar. Los únicos que ganan con ellas son las empresas que las imparten y más aún, cuando empiezan a meter períodos de validez máximo de las mismas con la excusa de la formación continua, que sí, que es necesaria, y la puedes compensar con cursos o charlas realizadas, pero siempre que sean de ellos.

Mi mayor recomendación sobre esto es que leas mucho, lo que sea, libros, artículos, etc. Llegará un punto que tendrás que ser muy selectivo para no perder el tiempo y tratar de aprender algo nuevo. Pero lo más importante, es que experimentes y pongas lo que hayas leído a prueba. No hay mejor forma de aprender que ejecutando y hasta equivocándote. Adquirir conocimiento sin ponerlo en práctica se queda cojo, prueba, experimenta, equivócate y vuelve a empezar, solo así lograrás obtener un verdadero conocimiento de causa.

Otra parte muy importante es, sé formador si tienes la posibilidad. En mi caso, tuve la suerte de dar formaciones al resto de nuestros equipos, "Introducción a Agile" y "Taller de Scrum", como comenté en la parte de Organización. Esto también hace que afiances conceptos y compartas los conocimientos que has ido adquiriendo. Además, lo bueno, es que hacíamos estas formaciones muy prácticas y siempre salían casos reales en los que los equipos tenían problemas y sacábamos ideas de cómo podríamos hacer para intentar solucionarlos.

En la agilidad la experiencia y habilidades son muy importantes, pero el conocimiento técnico es muy importante. Somos equipos tecnológicos y si descuidamos esta parte, ya podemos trabajar muy bien en Scrum, Kanban, etc. que no funcionaremos bien ni entregaremos valor. Estaremos generando siempre incidencias y deuda técnica. Formar a los equipos técnicamente, es una parte muy, muy, muy importante.

**Manifiesto ágil**

Dejo para el final la primera parte que tendríamos que conocer, para mí es lo primero de agilidad, el parvulito de la agilidad, y es conocer el Manifiesto Ágil antes que nada y comprender sus valores y principios, porque de ellos, se nutren el resto de frameworks y prácticas, y te ayudarán a entender el por qué y para qué de las mismas.

En 2001 se firma el Manifiesto Ágil, donde 17 profesionales del mundo del software se reunieron para poner las bases de la actual agilidad. Este nombre de agilidad surge a partir de ese momento, febrero de 2001, pero antes ya se estaban haciendo muchos trabajos en esta vía. De hecho, cada uno de los firmantes, ya tenía su libro publicado y su marco de trabajo creado.

Estos gurús vieron la necesidad de hacer las cosas de un modo distinto. El desarrollo de software no se podía plantear igual que se hace en la construcción de una casa o un puente. Querían llegar a tener una nueva forma de plantearse las cosas, y esta es la historia de cómo 17 "egos" de la época, de forma colaborativa concluyen cuáles deberían ser las bases de esta nueva forma de trabajo, plasmado en el famoso manifiesto ágil, con 4 valores y 12 principios.

Por aquí, ni más ni menos, es por donde una persona debería iniciarse en la agilidad. Debería tener muy claros cuáles son estos valores y principios, antes de profundizar en cualquier otro marco de trabajo o método, ya que aquí es dónde reside el auténtico objetivo de la agilidad. Así lo indicamos en todas las formaciones de Introducción a Agile impartidas y charlas.

Ellos mismos comentan:

*Estamos descubriendo formas mejores de desarrollar software tanto por nuestra propia experiencia como ayudando a terceros. A través de este trabajo hemos aprendido a valorar los siguientes 4 valores:*

- *Individuos e interacciones sobre procesos y herramientas*
- *Software funcionando sobre documentación extensiva*
- *Colaboración con el cliente sobre negociación contractual*
- *Respuesta ante el cambio sobre seguir un plan*

*Esto es, aunque valoramos los elementos de la derecha, valoramos más los de la izquierda.*

Los 12 principios son los siguientes:

1. *Nuestra mayor prioridad es satisfacer al cliente mediante la entrega temprana y continua de software con valor*
2. *Aceptamos que los requisitos cambien, incluso en etapas tardías del desarrollo. Los procesos Ágiles aprovechan el cambio para proporcionar ventaja competitiva al cliente*
3. *Entregamos software funcional frecuentemente, entre dos semanas y dos meses, con preferencia al periodo de tiempo más corto posible*
4. *Los responsables de negocio y los desarrolladores trabajamos juntos de forma cotidiana durante todo el proyecto*

5. *Los proyectos se desarrollan en torno a individuos motivados. Hay que darles el entorno y el apoyo que necesitan, y confiarles la ejecución del trabajo*

6. *El método más eficiente y efectivo de comunicar información al equipo de desarrollo y entre sus miembros es la conversación cara a cara*

7. *El software funcionando es la medida principal de progreso*

8. *Los procesos Ágiles promueven el desarrollo sostenible. Los promotores, desarrolladores y usuarios debemos ser capaces de mantener un ritmo constante de forma indefinida*

9. *La atención continua a la excelencia técnica y al buen diseño mejora la Agilidad*

10. *La simplicidad, o el arte de maximizar la cantidad de trabajo no realizado, es esencial*

11. *Las mejores arquitecturas, requisitos y diseños emergen de equipos auto-organizados*

12. *A intervalos regulares el equipo reflexiona sobre cómo ser más efectivo para a continuación ajustar y perfeccionar su comportamiento en consecuencia*

Los autores de este famoso manifiesto ágil son:

- Kent Beck
- Mike Beedle
- Arie van Bennekum
- Alistair Cockburn

- Ward Cunningham
- Martin Fowler
- James Grenning
- Jim Highsmith
- Andrew Hunt
- Ron Jeffries
- Jon Kern
- Brian Marick
- Robert C. Martin
- Steve Mellor
- Ken Schwaber
- Jeff Sutherland
- Dave Thomas

# Parte IV: Buenas prácticas

*Debemos tener soluciones innovadoras para líderes que gestionan el talento en entornos Agile. No marcos, sino una mentalidad: una combinación de herramientas, juegos y prácticas que ayudan a administrar a las personas y los equipos que forman una organización.*

*Management 3.0*

*Un error habitual en Agile es promover prácticas en lugar de ver el posible valor que ellas proveen. Estamos ofreciendo soluciones antes de saber cuál es el problema real*

*Robert C. Martin*

A continuación, listo algunas de las buenas prácticas que he usado o promovido en mis equipos. Para más información, las puedes buscar por internet, en qué consisten y ejemplos prácticos de cómo usarlos. No obstante, yo te doy una pincelada sobre esto y por qué las he usado.

La gran mayoría de estas buenas prácticas proceden de Management 3.0. Yo empecé a practicarlas desde que hice un curso con Javier Garzás sobre esto, a partir del cual obtuve la certificación. Han ayudado mucho a mejorar y enganchar a las personas del equipo.

La parte buena de esto es que el propio equipo las sigue usando, aunque yo no las impulse de primera mano, porque realmente las ven útiles.

**Happiness Index**

El Happiness Index es una práctica para ver el estado de ánimo del equipo en un tiempo determinado. Sobre cómo se están sintiendo o se han sentido durante ese intervalo, ya sea profesional o personalmente, no nos cerramos a nada ni a ningún tema determinado o tabú. Cada persona tiene la libertad de hablar de lo que considere.

El intervalo de tiempo para medirlo puede ser diario, una vez por semana, cada dos, etc, pero no debería ser más de un mes. En nuestro caso lo hacíamos cada dos semanas, coincidiendo con el fin de cada Sprint. De esta forma, cada persona comentaba cómo se había sentido durante el Sprint que finalizábamos, problemas que haya tenido o logros que haya tenido, tanto individuales como colectivos, cualquier cosa que hubiera influido en su estado de ánimo, ya que era un espacio para liberarse y hablar con confianza y transparencia.

Antes de la retrospectiva abordábamos esta parte. Hacíamos un tablero con varias caritas, desde muy triste, a triste, feliz y muy feliz, con unos posits con los nombres de cada uno. Cada persona movía su posit a la situación donde mejor se veía. No tenía por qué ser una cara, podía estar en mitad de dos, por ejemplo, entre triste y feliz. Lo importante venía después en la explicación y narración con el resto del equipo.

Con esto buscábamos ver cómo estaba la gente y descubrir o anticiparnos ante cualquier problema.

Management 3.0 nos indica que esta buena práctica *debería permitir a la gente dar feedback rápidamente. Feedback al final de una presentación, de una sesión de formación, de una reunión de negocio o de cualquier otra interactuación social.*

### Ice breaker

Los ice breakers no los usamos demasiado, pero los pongo como buenas prácticas para evitar tiempos muertos. Son técnicas que se suelen hacer al principio de la reunión, o tras volver de un descanso de alguna reunión, con el objetivo de esperar a que se conecte todo el mundo o bien para hacer que la gente empiece a participar activamente y se despierte.

Hay muchas técnicas, las más habituales son juegos, pinturas, adivinar algo, jugar a las películas, etc. En esto hay todo un mundo por internet. Uno que usamos fue el buscar imágenes de alguna película que te hubiera recordado el Sprint. Salen cosas divertidas, desde películas de miedo o terror hasta películas de acción, incluso comedia. Románticas creo que nunca han salido.

## Kudos

Los Kudos son mensajes positivos a las personas de tu equipo. Consiste en mandar una tarjeta, con el nombre de una persona concreta y un mensaje positivo.

Esta técnica la he usado muy poco, dos o tres veces como mucho. Prefiero hablarlo en alguna reunión y de forma más colectiva y no tan personalizada.

Esta técnica puede traer ciertos problemas colaterales. Cierta gente puede verse afectada porque no está recibiendo Kudos, o celarse de otras porque siempre están recibiendo kudos. Y el kudo tampoco es para andar regalando, solo hay que darlo cuando se merece, porque si no se desvirtúa la práctica.

Management 3.0 define los kudos como *un reconocimiento escrito y público a una compañera o compañero por algo que ha aportado al equipo. Un Kudo no solo se da de arriba hacia abajo, sino de igual a igual y de abajo hacia arriba. En todos los departamentos y organizaciones, cualquiera puede reconocer el trabajo de otra persona. Es una forma de romper las limitaciones jerárquicas y animar a todo el mundo a ofrecer comentarios positivos instantáneos.*

## Lean Coffee

El Lean Coffee es un espacio donde hablar de temas que los equipos desean mejorar o les preocupan y buscar soluciones de forma colaborativa. Empecé a usar esta práctica después de leer el libro de Lean Change Management. Yo los llamaba Agile Coffee.

En estas sesiones partíamos de una pizarra inicialmente vacía. La primera sesión fue la más larga porque la idea era generar un backlog de temas. Cada persona escribía en un posit aquello que le preocupaba, que tenía problemas, que quería mejorar o simplemente, aquello sobre lo que quería hablar. Unificamos todo para eliminar repetidos. Con cada nueva sesión se procedía a votar para ver cuál era el tema más importante para tratar para la gente que asistía. El más votado, se empezaba a comentar, y así hablábamos sobre el tema proponiendo cosas. En principio no dejábamos tiempo máximo para comentar, salvo el fin de la propia reunión. Lo hacíamos porque si el tema tenía debate y se ponía interesante, por qué parar. Pero otras personas establecen un tiempo máximo por tarjeta, entre 10 y 20 minutos, por ejemplo. Una vez consumido el tiempo, se votaba si querían cambiar de tarjeta o seguir con la misma.

Esta práctica fue muy útil al inicio, porque salían problemas y soluciones reales. El problema con esto fue, que, con el paso del tiempo, muchos temas eran recurrentes, lo que venía a demostrar que los equipos no hacían nada de lo comentado, o lo empezaban y lo abandonaban muy pronto, con lo que el problema volvía a aparecer, si es que alguna vez desapareció.

Esta práctica tiene sentido si de verdad los equipos sacan tiempo para experimentar y probar las soluciones planteadas, si no, es otra reunión más que no sirve para nada.

## Limitar el WIP

Limitar el WIP (el Work In Progress) es una práctica de Kanban por la que limitas el trabajo en curso, es decir, no dejas tener más de n tareas en un determinado estado, para que el equipo esté centrado en ellas y evitar cambios de contexto.

Los equipos poco maduros están muy preocupados siempre de empezar nuevas tareas independientemente de cómo estén las tareas actuales, esté o no terminadas. El WIP, junto con las columnas de la pizarra de Kanban, te hacen poner el foco en cerrar tareas en lugar de abrir nuevas. Mientras tengamos n tareas abiertas, centrémonos en ellas, en cerrarlas. Si acabo la mía, ofrezco ayuda para intentar cerrar lo más pronto posible las que están abiertas, en lugar de abrir otra más y ampliar el número de tareas abiertas. Te da mucho foco. Hay que trabajarlo porque cuesta hacer entender esto a los equipos, aunque parezca sencillo. Queremos abrir y abrir y abrir. No, foco en cerrar y tener la parte de la derecha más limpia posible (sin contar lo cerrado o completado, claro).

Este límite lo hay que ir descubriendo con el paso del tiempo. Tampoco todas las columnas deberán tener el mismo WIP. Una fórmula inicial que se puede probar es la siguiente: $2*n-1$, donde $n$ es el número de personas. De esta forma, podremos tener 2 tareas por persona como mucho, menos para 1 persona, que solo tendrá 1, no 2, para no tener saturadas a todas y dejar algo de maniobra.

**Matriz de conocimiento**

La matriz de conocimiento, o de competencias, es un arma poderosa para definir el nivel de conocimiento de tu equipo y poder tomar medidas de mejora. El primer paso pasa por definir bien lo que quieres medir, las competencias tanto técnicas como funcionales. Posteriormente, defines prioridades, no más de 3, para asignársela a cada una de esas competencias según lo crítica que sea el tener o no ese conocimiento. Después, defines el grado de conocimiento, también daría 3 posibilidades, y aquí es muy importante definir bien el significado de cada una de ellas. Por ejemplo, 1 significa que no sé nada del tema o sé muy poco, 2 significa que sé del tema para trabajar yo solo con ello, pero no sabría explicarlo, y finalmente 3, domino el tema o sabría explicarlo a los compañeros. El entender estos significados es muy importante porque a la hora de cubrir la matriz, cada persona tiene que saber cómo se ve en cada una de ellas y ese entendimiento tiene que ser común. El último paso, por lo tanto, es que cada persona del equipo, de forma individual y preferiblemente sin saber lo que han cubierto los demás, cubra la matriz de la forma más sincera y transparente posible.

Esa matriz se pone en común con todo el equipo, realizando los ajustes que cada persona decida de sí misma, si es necesario. A partir de aquí, la inspección de esta es fundamental. Por ejemplo, competencias o conocimientos que sean prioritarios y haya muy poco conocimiento, son puntos dónde hay que hacer foco. Competencias o conocimientos donde no haya conocimiento en general, hay que poner foco, aunque primero teniendo en cuanta las prioridades. Observando la matriz, por tanto, podremos plantear sesiones de formación, tanto técnicas como funcionales, y tanto internas como externas, ya que también podemos conocer quién sabe más de un tema con lo que sabremos quién podría llegar a dar la formación.

Un aspecto importante con esto es que esta matriz está viva, es necesario ir actualizándola con cada nueva incorporación, y en general, con el paso del tiempo para chequear el estado de conocimiento del equipo. Entre 3 meses mínimo y 6 meses máximo, es buen rango de tiempo. Menos de 3 meses no tiene sentido, ya que es complicado hacer algo y evaluarlo. Más de 6 meses es mucho tiempo en el que dejaremos de decidir sobre mejorar el conocimiento del equipo.

Cuando hablamos de equipos, sobre todo en agilidad y Scrum, siempre comentamos que tenemos que buscar o tener equipos estables. Pero esto es un ideal, tal y como están los tiempos actualmente, con tanta rotación, o por motivos de evoluciones profesionales/personales, y otros motivos, mantener un equipo estable se vuelve casi misión imposible.

La idea es cambiar esto, no luchar por equipos estables, porque es complicado, pero sí luchar por un conocimiento estable durante todas las iteraciones, Sprint, etc. La idea es que el conocimiento fluya entre todo el equipo y no tengamos todo el conocimiento en un solo miembro del equipo, o que una funcionalidad solo sea controlada por ninguna persona. Para eso nos es útil esta herramienta.

Nos dice Management 3.0 de esta matriz que es *una herramienta muy visual y fácil de usar que nos ayudará en la gestión del talento y conocimiento.*

**Matriz de responsabilidad**

En agilidad siempre buscamos equipos autoorganizados (autogestionados según la última guía de Scrum de 2020), pero toda tarea debería tener un único responsable. No confundir responsable con la persona o personas que la ejecuten, es distinto. Una persona puede ser responsable de una tarea, pero ser desarrollada o ejecutada por otra. Pero esa responsabilidad, es lo que hará que la "persiga", la empuje o le haga seguimiento para que se haga y se lleve a cabo, ya que cuando no hay un responsable claro o hay varios, muchas tareas no suelen salir o no se hacen porque uno piensa que será el otro quien la mueva o haga y viceversa, con lo que esa tarea podrá caer en una espera eterna.

Para evitar estas situaciones, precisamente está la matriz de responsabilidad. En ella puedes detallar tipos de tareas, funcionalidades, artefactos, etc., llegando a un nivel suficientemente grande para no tener que actualizarla todos los días, pero lo suficientemente pequeño para conocer exactamente quién es el responsable. Al lado de cada uno de esos puntos, se coloca a la persona responsable.

Esto es bueno usarlo para equipos poco maduros y con poca autoorganización. Los equipos más maduros ya no es necesario explicitarlo, porque ellos mismos son conscientes de lo que hay que hacer.

Como toda ficha o plantilla, esta necesita ser dinámica e ir actualizándose cada cierto tiempo. Un rango temporal similar a la matriz de conocimiento sería ideal, por ejemplo, aunque cada equipo debe decidir dicho rango según consideren.

## Merit Money

El Merit Money es una práctica que consiste en reconocer o premiar el trabajo de otras personas, del equipo, etc. o de aquello que establezcas como criterio.

Con esta práctica quería concienciar dos temas importantes: cambios de alcances y objetivos del sprint. En un panel de Mural nos creamos dos huchas (sí, con forma de cerdito para que diera más realismo) y nos inventamos unas monedas virtuales. Las dos huchas eran propiedad de todo el equipo, el objetivo era conseguir el número máximo de monedas. A continuación, veremos cómo las rellenábamos.

En una hucha, las monedas se ganaban sobre todo por el Product Owner, en el sentido de que cuando no hubiera cambios de alcance externos, se ganaba una moneda. Digo externos, porque los internos, promovidos por el propio equipo, fundamentalmente debido a incidencias, no quería contarlo. Quería hacer ver que teníamos muchos cambios de alcance de negocio, de stakeholders, de otros equipos, etc. que salían una vez empezado el sprint, lo cual no es lo deseado ni es recomendable.

En la otra hucha, las monedas se ganaban por el equipo de desarrollo, en el sentido de que cuando se consiguiera el objetivo de un sprint, se ganaba una moneda. En caso de no conseguirse, no se ganaba. Aquí el objetivo principal era concienciar al equipo en focalizarse en el objetivo del sprint, intentar conseguirlo y comprometerse a conseguirlo. También buscaba que el equipo participara proactivamente en la definición del propio objetivo del sprint, en colaboración con el PO.

Esta forma de hacer el merit money nos daba una sensibilidad brutal de cómo evolucionábamos como equipo en estos dos aspectos. Nos ayudó a tomar decisiones tales de por qué teníamos que dejar de hacer Scrum, porque básicamente no sabíamos. En números aproximados, de un total de 70 Sprints que empezamos a hacerlo, teníamos unas 20 monedas en la hucha de cambios de alcance, es decir, en 50 Sprints hubo cambios de alcance procedentes del exterior, y en la hucha de los objetivos conseguidos, teníamos unas 45 monedas, con lo que en 45 Sprints sí se habrían conseguido los objetivos.

Las lecturas de todo esto, las que se ven a simple vista, demasiados cambios de alcance y algunos objetivos sin conseguir, y los que no se ven tanto a simple vista, que, a pesar de tener tantos cambios de alcance, se habían logrado conseguir los objetivos de 45 Sprints. No todo era tan malo, ¿verdad? Siempre hay que ver el lado bueno de las cosas.

Desde Management 3.0 comentan sobre el Merit Money:

*Bienvenidos a uno de los temas más controvertidos en la gestión: A quién se le debe pagar qué.*

*Pagar a las personas por el trabajo sin destruir su motivación es uno de los desafíos más difíciles para la gerencia y, lamentablemente, la mayoría de los sistemas de compensación son considerados injustos por los empleados y no científicos por los expertos. Es por eso que sería prudente considerar algunas alternativas menos conocidas que se basan en méritos reales en lugar de un rendimiento imaginario.*

## Pair Programming

El pair programming es una técnica promovida por el framework XP, por el que dos, o más, desarrolladores están trabajando juntos en la misma tarea, haciendo los desarrollos colaborativamente, con el objetivo fundamental de obtener menos errores, distintos puntos de vista o formar a la persona.

Nos gustaba mucha trabajar de forma colaborativa, por lo que esto se propuso desde el primer momento, lo veíamos como una inversión del tiempo frente a un desperdicio de tener a una persona ociosa. Nuestro principal objetivo con esto era el de formar a la persona con menos conocimiento o experiencia. Esta persona hacía los desarrollos, y su par, con más conocimiento y experiencia, lo iba corrigiendo o guiando. Queríamos que la gente avanzara en conocimiento y habilidades, y si no dedicas tiempo a esto, es muy complicado que lo consigas por que sí.

No obligábamos a hacerlo, cada persona tenía la decisión si era necesario hacerlo o no y en qué momento y sobre qué tarea. En este sentido ellos decidían completamente para conseguir el objetivo buscado. Por lo tanto, lo mejor, es que lo han decidido ellos. Lo mejor, es que pueden hacerlo y nadie les pone impedimentos. Lo mejor, es que ellos ven ventajas en hacerlo: aumenta la comunicación entre el equipo, aumenta el intercambio de comentarios sobre el trabajo y resolución de dudas, aumenta el acercamiento del equipo, no solo se habla de trabajo, aumenta la sensación de cercanía, se ven y se escuchan, no necesariamente hay que hablar, simplemente están y se ven. Lo mejor, es que les permite mejorar y evolucionar como equipo. Lo mejor, es que se nota.

**Personal Map**

El Personal Map es una forma de presentar a una persona y decir lo que se considere de esa persona hacia los demás. El principal objetivo era conocernos y saber los unos sobre los otros un poquito más de una forma divertida y fácil. Cada uno ponía el límite.

Empezamos a usarlo en el equipo durante una época muy alta de rotaciones. Con cada nueva incorporación, hacíamos una reunión de presentación de los actuales miembros del equipo y la nueva incorporación. Se realizaba en una reunión hablada y sin apoyo visual.

Con esto, decidimos dar ese apoyo visual y hacer que las presentaciones de los actuales miembros del equipo fueran de forma directa y sin pensar, habiendo hecho previamente ese personal map. El primero en hacerlo fui yo mismo, para que tuvieran un ejemplo de cómo se hacía y para qué servía. En mi versión hablaba de dónde había nacido, donde vivía, qué había estudiado, mi rol dentro de la empresa y del cliente, sobre mis aficiones, mis valores y aquello que me motivaba. Cuando se incorporó el resto del equipo, vimos que alguno también comentaba temas sobre sus mascotas, sobre con quién vivían en casa, etc. Es decir, cada uno decidía lo que quería mostrar hacia los demás, temas profesionales o personales, lo que quisiera.

En este caso, teníamos el equipo distribuido por toda España. Para hacer más divertida esta dinámica, creamos un Mural con un mapa de España y colocamos el Personal Map de cada uno sobre la ciudad en dónde vivía esa persona. Fue algo que al equipo gustó mucho y amenizó mucho las dinámicas de presentaciones.

Hoy en día lo seguimos usando. De hecho, con la incorporación de parte del equipo ubicado al otro lado del charco, en Perú concretamente, hemos extendido el Mural para poner un mapa del país y ubicar de igual forma a las personas en sus ciudades donde viven. Esto ayuda también a descubrir, a ambas partes, cómo es un país y dónde está la gente con la que trabajamos. Seguramente que ayude a entender muchas cosas que vemos en el día a día, no solo a nivel profesional si no también cultural.

Sobre el Personal Map, Management 3.0 nos comenta:

*Las personas deben acercarse al trabajo de los demás para comprender mejor lo que está sucediendo. Pueden hacerlo moviendo los pies, moviendo el escritorio o moviendo el micrófono. Disminuir la distancia entre tú y los demás ayuda a aumentar la comunicación y la creatividad. Un gran ejercicio para comprender mejor a las personas es capturar lo que sabes sobre ellas en mapas personales.*

*Muchas veces trabajamos uno al lado del otro, pero realmente no nos conocemos. Aprender un poco sobre la historia de vida e incluso la vida privada de alguien puede contribuir en gran medida a crear empatía. Los mapas personales se ramifican de la tradición de los mapas mentales para contar tu propia historia. Los mapas mentales son una técnica simple pero poderosa que permite a cualquier persona que pueda sostener un bolígrafo visualizar las relaciones entre conceptos. Al crear un mapa personal de un colega, te esfuerzas por comprender mejor a esa persona.*

## Onboarding

Un poco por los mismos motivos de meter el Personal Map, decidimos crear un plan de onboarding para los nuevos miembros del equipo, coincidiendo con la alta rotación que teníamos. Veíamos que mucho de lo que hacíamos era común para cada incorporación.

Empezamos con una versión básica de pasos, con formaciones básicas que hacer, alguna poca documentación que revisar y correos burocráticos que enviar.

Este plan está vivo, con lo que ya el resto del equipo se lo hizo suyo y fueron completándolo también con temas de desarrollo: altas de permisos en las aplicaciones, manuales de instalación de ciertas herramientas, como IDE, visor de bases de datos, etc.

Es importante invertir el tiempo en crear este plan de onboarding, porque después te facilita mucho la incorporación de la gente. Si lo haces bien, cualquier persona del equipo podrá responsabilizarse del proceso, e incluso podrá ser auto consumido por el nuevo miembro, facilitando dicho proceso y teniendo a la gente disponible solamente cuando sea necesario.

Importante, el plan debe actualizarse cuando sea necesario para que sea efectivo.

## Acuerdos de equipo

Soy un gran defensor de los acuerdos de equipo, donde cada equipo establece las reglas que dictaminen su funcionamiento, comunicación, colaboración, etc. Esos acuerdos de equipo deben respetarse y cumplirse por todos los miembros del equipo. Pero, bajo mi opinión, lo que no tiene sentido, es que esos acuerdos de equipo se tomen como mandamientos, inflexibles, como procedimientos irrompibles y estáticos. Volveríamos a situaciones muy viejunas y perderíamos adaptabilidad.

Esa adaptabilidad es fundamental para avanzar y entregar cosas con valor. No podemos dejar de entregar cosas con más valor que otras porque nuestros acuerdos lo impidan (por ejemplo, meter una deuda técnica frente a otra tarea que aporte más valor).

Y ojo, repito, los acuerdos están para cumplirse, pero es más importante la adaptación. Si la situación anterior ocurre en todas las iteraciones, obviamente habría un problema porque siempre estaríamos incumpliendo nuestros acuerdos.

**OKRs**

Los OKR son una metodología de gestión que ayuda a asegurar que la empresa se centre en los mismos temas importantes en toda la organización. Hacen aflorar tus objetivos principales, canalizan los esfuerzos y la coordinación y conectan operaciones diversas proporcionando un propósito común y unidad a toda la organización. Por una parte, tenemos los objetivos propuestos y por otra, los resultados clave, que nos permitirán medir el grado de consecución de dichos objetivos.

Nosotros los usamos en varios niveles:

- Oficina: Para determinar objetivos comunes a todas las personas que formábamos parte de la oficina
- Equipos: Para crear objetivos comunes entre distintos equipos de un área concreta del cliente, como parte de la transformación o evolución agile
- Equipo: Cada equipo definía a mayores sus propios objetivos, más aterrizados a su propia realidad

Después de algunos años trabajando con OKR han salido 4 puntos clave durante todo este tiempo, y que son muy comunes durante el inicio de uso de esta herramienta, relacionado con los objetivos y sus resultados clave:

- Hagamos objetivos sin dependencias, ni internas ni externas. Esto evitará bloqueos innecesarios y que los equipos estén parados
- Hagamos objetivos motivadores, que tengamos ganas de conseguirlos y que no nos cueste ponernos con ellos
- Hagamos objetivos concretos, que tengamos un alcance conocido y la literatura nos permita conocer a qué se refieren. Algo muy genérico sin que quede claro es malo para los equipos
- Hagamos objetivos sobre temas reales, temas importantes, que aporten a lo que queremos conseguir. Evitemos objetivos vanidosos o que no tienen repercusión

Otros aprendizajes, no menos importantes:

- Tengamos un número de objetivos pequeño por equipo, teniendo en cuenta el alcance de los mimos y compromiso de la gente para lograr los en el período acordado, por lo general 3-4 meses
- Tengamos no menos de 2 resultados clave ni más de 5. Con menos de 2, poco aportará al objetivo. Con más de

5, metemos mucha complejidad y alcance en su consecución

- Involucrar a la parte estratégica, a las personas que la conocen, para ayudar a definir los objetivos y que cumplan los 4 puntos anteriores

## Retrospectivas

Poco que comentar de las retrospectivas respecto al tema anterior visto en este mismo libro. Quiero recalcar que probablemente es la reunión más importante a nivel de equipo, ya que es dónde salen las acciones de mejora. Importante, hay que indicar que hay que tener acciones, si no de poco sirve la retrospectiva, y llevarlas a cabo, para que podamos seguir mejorando. Quiero comentar también que las acciones de mejora pueden y deben salir en cualquier momento, que no esperemos a tener la retrospectiva para sacarlas a la luz, aunque sí esperemos a ella para profundizar un poco más.

Y un último consejo, que es bueno variar de vez en cuando la dinámica de la retrospectiva, para seguir teniendo la atención de la gente y que no se habitúe o se acostumbre y haga las cosas por inercia. Y sí, cámbiala, aunque funcione, conviene cambiar. Puedes consultar dinámicas en la página de FunRetrospectives e incluso en Management 3.0, que *tiene muchas herramientas poderosas para hacer las retrospectivas mejores, más eficientes y divertidas.*

Sobre el punto anterior, que quede claro sobre la retrospectiva que lo importante no es la dinámica en sí ni la herramienta que usemos, lo realmente importante es el objetivo de esta, la salida de esta, el fin por el que la hacemos: MEJORAR.

## Reunión de los 3 amigos

Esta reunión de los 3 amigos es el nombre que se le da a una sesión de pre-refinamiento de las tareas, dónde el Product Owner, QA y Tech Lead se reúnen antes para dar forma a una determinada tarea, previamente a compartirla con el resto del equipo. Esto se haría sobre todo para tareas muy complejas o con mucha incertidumbre, poder aterrizarlas antes de ser refinadas con el resto del equipo.

Es una práctica que nunca he experimentado tal cual porque básicamente no podíamos por carecer de dos de los perfiles necesarios. Hace ya un tiempo pudimos meter el perfil de QA y aún más recientemente pudimos meter a un Tech Lead. Ahora sí estaríamos en disposición de realizar la práctica.

Comentaba previamente que no había hecho la práctica tal cual, por el hecho del tipo de perfil que participaba. Lo que sí hacíamos eran esos pre-refinamientos con miembros del equipo con más conocimiento para ir dando forma a la tarea en concreto. Podríamos llamar a esto la reunión de los expertos, por darle un nombre.

## Sprint Naming

Los nombres de los Sprint en Scrum pueden ser de diversas formas: pueden llevar un nombre o no, o simplemente nombrarlo de forma numérica: 0, 1, 2... etc. (¡ojo!, he usado el 0 a propósito porque siempre se dice que no hay Sprint 0, siempre empezamos en el 1, pero eso es otro tema).

Nosotros, para hacerlo más divertido, poníamos nombres propios a los Sprints. Buscábamos el santoral del día en el que daba inicio el Sprint, y escogíamos el nombre más raro que pudiera haber dentro de los que cumplían el santo ese día. Aquí una captura de algunos ejemplos, y mis disculpas si algún lector o lectora tiene ese nombre o conoce a alguien que le caiga bien con ese nombre:

| Id | Sprint |
|-----|-----------|
| 142 | Visia |
| 143 | Isidoro |
| 144 | Solangia |
| 145 | Rogaciano |
| 146 | Gregorio |
| 147 | Argobasto |
| 148 | Trifina |
| 149 | Rufina |
| 150 | Sereno |
| 151 | Arsacio |
| 152 | Venerio |

Parece una tontería, pero era un momento divertido para el equipo y un buen rompehielos en las reuniones de Plannings.

**User Story Map**

El mapa de historias de usuario es una representación de posibles historias de usuario hacia el futuro, a muy alto nivel.

Puedes tener varias columnas con temáticas funcionales y varias filas para indicar una reléase determinada y a partir de ahí, ir rellenando una historia en la ubicación correspondiente.

Yo la usé para representar trabajos futuros de un proyecto cerrado, presupuestariamente hablando, y mostrárselo al cliente para tener una visión completa de pasado, presente y futuro.

No confundir con el roadmap, dónde aquí sí damos fechas de entrega de cada una de las historias y releases.

**World Café**

Esta práctica es para hacer una retrospectiva donde participa mucha gente. No la usé para ningún equipo de producto, pero sí a nivel de organización, presentada por un compañero Agile Coach.

La práctica consiste en los siguientes pasos:

- Tenemos mesas o salas distintas donde se reunirá la gente, en función de si la reunión es presencial o remota.

Habrá tantas mesas/salas (espacios de aquí en adelante) como grupos de 4 personas haya

- Cada espacio tendrá asociado una pregunta sobre la que se quiera reflexionar
- Cada grupo se asigna a un espacio, y se dejan 10-20 minutos para tener conversaciones sobre la pregunta en cuestión
- Pasados esos minutos, los equipos rotan hacia el siguiente espacio para tratar la siguiente pregunta
- Una vez que todos los grupos han pasado por todos los espacios, se hace una reflexión en común y se llegan a acuerdos y puntos de acción sobre las reflexiones

**Tecnología**

Sí, tecnología, como buena práctica. Al final hacemos desarrollos de software, y sin un buen conocimiento técnico los productos no salen bien, y es así, esa es la auténtica realidad. Se nota mucho cuando un equipo tiene buen conocimiento técnico y cuándo no. Cuando no hay conocimiento técnico siempre surgen más retrabajos, bien como incidencias o bien como deuda técnica, y muchas veces hace no avanzar a aquellas personas que quieren crecer profesionalmente. Incidencias y deuda técnica es algo que mata a los equipos, porque deberíamos estar priorizándolas frente a otras cosas. Y ojo, esto es independiente de tu experiencia, he conocido perfiles "junior" con un conocimiento técnico brutal frente a otros más "sénior" donde patinaban mucho técnicamente.

Invierte en tu equipo en formación técnica, sí, es una inversión, lo agradecerás, el equipo lo agradecerá y hasta el cliente lo agradecerá, con lo que conseguirás ganar posicionamiento.

La agilidad no solo se centra en cómo interactuamos con las personas, entre equipos y cliente, sino también da un peso muy importante a la parte técnica. No es de extrañar que muchos gurús de Agile digan que el único framework verdaderamente Agile (a nivel de desarrollo) es XP (Extreme Programming), de carácter muy técnico y enfocado al desarrollo. Los otros frameworks, dejan muy de lado esta parte técnica que es fundamental. Tenemos que hacer código cada vez mejor. Es fundamental desarrollar un código con calidad, bien estructurado, entendible y necesario refactorizar e invertir tiempo en ello, con el fin de conseguir hacer un código más mantenible.

**Gestión del tiempo**

Más que una buena práctica, es una práctica fundamental y casi diría individual, aunque también puede aplicar al equipo. La pongo como buena práctica porque he escuchado tanto el "no tengo tiempo" a la hora de que alguien intente experimentar o probar alguna otra buena práctica. Sabes que son excusas, como dice un compañero, todos tenemos el mismo tiempo y lo que nos diferencia realmente es el saber aprovechar ese tiempo. No pongas como excusa el tiempo, reprioriza lo necesario para poder tener ese tiempo para mejorar y experimentar, es lo que te va a hacer ser diferencial.

El tiempo es muy valioso y su desperdicio es lo peor que puedes hacer. Tenemos que cambiar nuestra mentalidad en el sentido de que pensamos que cuanto más tiempo echemos en el trabajo, más reconocimiento tendremos, o más pronto lograremos el ascenso. Tenemos que valorar más lo productivo que somos. *Trabajar hasta tarde no es una señal de compromiso, sino de fracaso.*

Sobre la gestión del tiempo, nos penaliza mucho en el día a día la multitarea. Lo comento aquí porque esto es muy importante, no es que sea una buena práctica, sino todo lo contrario, como una muy mala práctica, huye de esto. Hacemos muchas cosas a la vez, pero la atención y el foco debe ser secuencial para que sea de calidad. Los cambios de contexto son brutales y exigen pérdida de concentración y de tiempo y un gran esfuerzo para retomar las tareas.

La importancia de hacer tareas pequeñas y estar centrado en una sola a la vez, minimiza muchísimo el obtener malos resultados motivados por una falta de atención. Además, consigues minimizar esfuerzos, reducir los tiempos muertos y seguramente, obtener tareas cerradas y listas lo más pronto posible.

# Parte V: Empieza

*Empieza ya, lo más pronto posible. Hoy es un buen momento, ayer sería mucho mejor, mañana igual ya es tarde. No cometas el error de excusarte en que no hay tiempo, o en que es complicado cambiar o en cualquier otra excusa que te impida probar algo nuevo y empezar ya.*

*No importa que los demás piensen que tu idea es descabellada... tú sigue. No te detengas. No pares hasta que llegues a tu destino, y tampoco te preocupes por dónde se encuentre este. Pase lo que pase, no te detengas.*

*Phil Knight*

*El cambio casi nunca falla debido a que es demasiado temprano. Casi siempre falla porque es demasiado tarde.*

*Seth Godin*

Fórmate mucho, lee el manifiesto ágil, lee libros, lee artículos, no te quedes con una única respuesta y compara varias y prueba la que más te convenza. Llegará un momento que todo te sonará, incluso demasiado repetitivo y a veces extraño, lo que te obligará a ser más selectivo en lo que busques, y eso está bien.

Que no te obsesionen las certificaciones, son papel, lo importante son los conocimientos. Que sí, están bien y si te las pagan, adelante, pero es más importante la experiencia y el conocimiento que ese papel con tu nombre, aunque burocráticamente sirvan para otra cosa. Piensa para lo que la quieres tú.

Lee sobre varios frameworks ágiles, no te quedes con uno solo. Mira sus ventajas y desventajas sobre tu contexto. Aprende. Pero que tampoco te obsesionen. Cuando salió la nueva guía de Scrum de 2020, empezaba a leer que los equipos tenían que cambiar no sé qué, no sé cuánto, empezar a hacer las cosas de otra forma, etc. Si ya estás haciendo algo, mejóralo o cámbialo porque realmente lo necesitas, no porque te lo diga una guía. Ten presente que esto es cuestión de un cambio cultural, no de usar tal framework o tal otro.

Incluye al equipo como parte del cambio, ellos son el cambio. Si pretendes cambiar algo solo y sin tenerlos en cuenta, estás condenado al fracaso. Cada de uno de nosotros debería aportar lo que sea necesario para conseguir el cambio.

Huye del "siempre lo hemos hecho así ", "lo hace así todo el mundo", "si funciona para qué tocarlo", etc. Son pensamientos muy malos que te impedirán avanzar y mejorar. Hay que reinventarse, empezar a hacer las cosas de forma diferente.

Sé transparente siempre. Scrum define la transparencia de la siguiente forma:

*El proceso y el trabajo emergentes deben ser visibles para aquellos que realizan el trabajo, así como para los que reciben el trabajo. Los artefactos que tienen poca transparencia pueden conducir a decisiones que disminuyen el valor y aumentan el riesgo. La transparencia permite la inspección. La inspección sin transparencia genera engaños y desperdicios.*

**Tu turno**

Ahora que has leído este libro, es tu turno: olvida todo lo que has leído y empieza a experimentar por ti mismo. El progreso requiere desaprender lo aprendido. Para conseguir ser tu mejor versión, tienes que revisar constantemente tus creencias. Esto que te he contado es lo que me ha funcionado o no me ha funcionado a mí con mis equipos, lo cual no significa que con los tuyos vaya a suceder lo mismo. Prueba y experimenta hasta que des con lo que a ti y a tu equipo os funciona.

Con esto quiero decir que, si algo no te funciona, cámbialo y prueba otra cosa. Si algo te funciona, cámbialo cada cierto tiempo y mejóralo. No hay nada peor que no hacer nada, y lo siguiente peor es, pensar en que si algo te funciona no lo vas a tocar. Claro que sí, debes tocarlo, siempre se puede mejorar, quédate con eso. Si no lo haces, corres el riesgo de que caigáis en la monotonía y no se consigan los resultados deseados: sorprende al equipo.

No hagas caso de lo que te diga una sola persona, contrasta la información con varias fuentes. Lee y aprende mucho de lo que te interese, es la mejor forma de avanzar y mejorar. Tener una única fuente es malo, por muy buena que sea, no podrás contrastar otros puntos de vista. Ten una evolución y aprendizaje continuo que te permitirá probar nuevas técnicas con tu equipo. Algunas no te funcionarán, pero no te desanimes, sigue probando hasta que des con la tecla. El cambio es fundamental y no hay que temerlo.

Para finalizar, replantéate todo, la forma de trabajar, los métodos, el por qué hacemos lo que hacemos. No sigas procedimientos o marcos de trabajo por seguir, revisa constantemente si te aportan o no. Hay un término japonés que nos determina el nivel de maestría que poseemos con una técnica, el Shu Ha Ri, donde:

- Shu, tenemos que obedecer: Cuando aún no dominamos la técnica, en este estado seguimos los pasos que nos han enseñado a rajatabla. Primero uno, luego el otro y sin cuestionarlos en ningún momento. Queremos ejecutarlo de forma correcta, más que entenderlo. Cuando empezamos algo estamos en este punto

- Ha, rompemos las reglas: En este estado dominamos la técnica y la comprendemos. A partir de aquí comenzamos a experimentar. Realizamos cambios con el objetivo de mejorarlo. Rompemos las reglas que nos han explicado

- Ri, el nivel implícito: En este estado no pensamos la técnica, pensamos directamente en lo que aporta la técnica, el cómo llegamos a esto ya no nos preocupa, solo sabemos que estamos obteniendo los resultados que queremos. La técnica se ha hecho implícita o incluso ha desaparecido.

¿Y bien, estás dispuesto a tomar las riendas de tu turno?

Empieza ya, lo más pronto posible. Hoy es un buen momento, ayer sería mucho mejor, mañana igual ya es tarde. No cometas el error de excusarte en que no hay tiempo, o en que es complicado cambiar o en cualquier otra excusa que te impida probar algo nuevo y empezar ya. En cualquier inicio puede parecer que se consiguen cosas pequeñas y poco significativas, pero se transformarán en resultados extraordinarios si tienes la voluntad de mantenerlas durante el tiempo, y además de mejorarlas, para obtener cada vez mejores resultados.

Sé valiente de empezar y que no te preocupe que aún no tengas conocimientos, los irás adquiriendo con la práctica. Asume lo que sabes, ya verás como es más de lo que piensas. No estamos todos en la misma posición, no todos tenemos el mismo nivel de conocimiento, tenlo presente. Me acuerdo cuando empecé a hacer surf hará unos 9 años. Al principio, siendo realista, molestaba en el agua a la gente que sabía. Saltaba las olas (saltar una ola significa intentar cogerla cuando no tienes preferencia y fastidiársela al que sí tenía la preferencia), remontaba mal por donde no era, molestando y molestando, pero estaba aprendiendo. Cuando ya empecé a controlar algo más, estaba en una situación intermedia, donde molestaba a los que sabían más, y se quejaban, y yo era molestado por los que estaban aprendiendo, y sí, me quejaba, los miraba mal en el momento, pero después pensaba, pero sí estuve ahí hace nada en esa situación, ten más comprensión, y sigo estando en el grupo que molesto a otros y te miran mal o te dicen algo, no seas como ellos, me seguía diciendo.

En la vida profesional es lo mismo. Cuando una persona está aprendiendo algo, y lo quiere contar a los demás, quiénes somos nosotros para criticarlo por su simplicidad, o decir que de nuevo se sigue hablando de lo mismo, una y otra vez... no le quites la ilusión, ayúdalo a crecer, porque una vez estuviste en su misma situación y estabas deseando que hubiera alguien para ayudarte. Y qué más da si seguimos hablando de qué es o no es una historia de usuario, de que la velocidad sirve o no sirve para algo, que si los puntos de historia son el pasado y se debe llevar el no estimates, qué más da... porque el que lo escribe, lo hace con toda la ilusión del mundo, y seguro, que si te gusta la agilidad, tú lo has escrito hace ya muchos años. Recuerda tus inicios, te pueden ayudar a entender los inicios de otras personas, porque no todos estamos en el mismo lugar. Efectivamente, esto se llama empatía.

Lidera el cambio y la mejora. Un verdadero líder debe estar en todo momento, no se debe hacer notar en los buenos momentos y debe tirar en los malos, de primero, dando ejemplo. Un verdadero líder hace lo posible por cambiar el contexto cuando hay problemas, para mejorarlo, no se oculta. Un verdadero líder no teme salirse del camino y salirse de su zona de confort. Un líder que presume de líder, que no está, que se esconde ante los problemas, que no cambia nada para mejorar, que se acomoda, no es que sea un mal líder, simplemente es que no es un líder. Un verdadero líder comparte lo que sabe, pide ayuda a los expertos para realizar sus tareas y presenta unas personas a otras para crear relaciones nuevas dentro de sus redes. Un verdadero líder no da órdenes, da guía y objetivos, permitiendo que los demás descubran qué tienen que hacer y cómo alcanzar ese objetivo. Un verdadero líder es transparente.

# Parte VI: Futuro

*Si no sabes a dónde te diriges, tal vez no consigas llegar.*

*Yogi Berra*

*La ilusión de que entendemos el pasado fomenta el exceso de confianza en nuestra capacidad para predecir el futuro*

*Daniel Kahneman*

*No puedo predecir el futuro con certeza. Mi conocimiento se basa en datos históricos, y no tengo la capacidad de prever eventos futuros. Sin embargo, puedo ayudarte a analizar tendencias actuales y posibles escenarios basados en información disponible hasta mi última actualización. ¿Hay algo específico sobre lo que te gustaría hablar o discutir?*

*ChatGPT*

No voy a consultar una bola mágica ni a jugar a ser gurú de qué va a pasar en el futuro. Ni lo sé yo ni creo que nadie lo sepa.

Sobre la agilidad, año tras año se escucha que la agilidad ha muerto y surgen nuevas corrientes que quieren darle un impulso pero que son más de lo mismo: nuevos frameworks usando conceptos y prácticas ya existentes, nombres molones en inglés para que parezcan más efectivos o vendibles, etc. Se está desvirtuando mucho todo este tema por culpa de los que quieren hacer negocio, como siempre. Hay recordar que esto de la Agilidad es un **cambio cultural**, esa es la pieza importante, en constante evolución que no tiene por qué tener un punto de inicio lógico y mucho menos un punto final, por eso no lo podemos tratar como si fuera un plan. El resto, son herramientas que nos deberían ayudar a conseguir esos objetivos culturales. Pero estamos en un punto que le estamos dando más importancia a esas herramientas que al propio cambio cultural que necesitamos, por eso muchas transformaciones agile fracasan, porque se hace foco donde no hay que hacerlo y se deja de lado esta parte de mentalidad, o trabajándose eso, se llega solo nivel de equipo de desarrollo y no a toda la organización, lo cual es fracaso asegurado. Sí, podrás hacer que los equipos evolucionen, trabajen mejor, etc. pero no será una auténtica transformación. Ten en cuenta que la mayor parte de las empresas, y las personas, no están preparadas para Agile. No me refiero a formación y conocimiento, sino a esa cultura y comportamiento que se necesitan.

Se seguirá hablando mucho de la batalla entre Agile y Waterfall. Muchos defienden a Agile y muchos otros defienden a Waterfall. ¿Quién tiene razón? Pues, como dice la canción, ¡depende! Los dos tipos de personas tienen razón, y no la tienen, según cómo se mire. Realmente no hay batalla, se la inventan, nos tenemos que dar cuenta de eso, no hay batalla porque cada uno funciona bien según el contexto, ¡sorpresa! De forma muy genérica y resumida, Agile funciona mejor en entornos con gran incertidumbre, de entrega continua y experimentación y dónde haya que adaptarse muy rápido. Waterfall funciona mejor en entornos más controlados, con alcances y fechas cerradas o más concretas. Esto es así por lo general. Pero seguramente te intenten vender que Agile es maravilloso para todo. Huye de esas personas. Agile no es una bala de plata, hay que usarlo cuando tu contexto sea el correcto. Así que, lo siento, pero no hay batalla, no nos la inventemos. Cada cosa es para lo que es.

**Inteligencia Artificial**

Más cosas sobre el futuro, sabemos que la parte tecnológica está avanzando a grandes pasos, a muy grandes de hecho, y tenemos que usar esas herramientas para conseguir lo que queremos, como una ayuda para un fin, no como el fin en sí mismas. Lo importante es que controlemos las herramientas, no que estas nos controlen a nosotros.

Un ejemplo claro es la **Inteligencia Artificial**, la cual nos permitirá ser más rápidos y efectivos en nuestro día a día del trabajo. La tenemos que ver como una ayuda y no como una amenaza. No soy experto en IA, que quede claro, pero visto los avances de la humanidad, no pongo en duda que llegará muy lejos. Ahora mismo, estamos en pañales, a pesar de que ya se pueden hacer algunas cosas interesantes, más allá de tener una conversación que no sabemos a dónde nos llevará o generar unas imágenes determinadas. Lo que sí está claro, es que hay un cambio, y como todo cambio, se está creando una necesidad de urgencia, e incluso de miedo, para poder asimilar el cambio. Esto es una muy buena estrategia para los que están metidos en el mercado, porque se habla de ellos y es buena forma de publicitarse, qué mejor tarea de márketing para obtener financiación, pero la realidad es que ya está entre nosotros.

Una parte muy importante sobre la IA es que tiene que ir aprendiendo con ejemplos y tendremos, seguramente, que dedicar tiempo a enseñarle. No esperemos que por arte de magia nos dé las respuestas que deseemos desde el momento cero. Si es así, igual no se le puede llamar IA a lo que estés usando.

Experimentando con ChatGPT a finales de 2023, le repetí una pregunta que ya le había hecho a finales de 2022, y a partir de ahí seguí una conversación bastante interesante, que la puedes ver a continuación. En este sentido, puedes usarlo para obtener ayuda, consejos, etc. pero como siempre y como ya he dicho, contraste siempre la información y no te quedes con una sola fuente.

**¿Sabes qué nos deparará el año 2024 en cuanto a tecnología y gestión de productos?**

*¡Claro! Aunque no tengo información específica sobre el futuro después de enero de 2022, puedo mencionarte algunas tendencias tecnológicas y de gestión de productos que podrían seguir desarrollándose en 2024, basándome en lo que se estaba viendo hasta mi última actualización:*

- *Inteligencia Artificial y Aprendizaje Automático Continuo: Se espera que la IA y el machine learning continúen creciendo, con un enfoque en la personalización, la automatización de tareas repetitivas y la toma de decisiones más inteligentes en la gestión de productos.*
- *Internet de las Cosas (IoT) y Conectividad Avanzada: Se prevé que más dispositivos estén interconectados, lo que permitirá una recopilación de datos más extensa para mejorar la gestión de productos, desde la logística hasta la experiencia del usuario.*
- *Realidad Aumentada (RA) y Realidad Virtual (RV): Estas tecnologías seguirán evolucionando, potencialmente integrándose aún más en la gestión de productos para ofrecer experiencias*

*inmersivas, capacitación remota y pruebas virtuales.*

- *Enfoque en Sostenibilidad: Es probable que la gestión de productos se centre más en la sostenibilidad, utilizando tecnologías para crear productos más ecológicos y procesos de fabricación más eficientes.*

- *Estrategias Ágiles y Métodos de Desarrollo: La gestión de productos puede seguir adoptando metodologías ágiles, permitiendo una adaptación más rápida a los cambios del mercado y una mayor colaboración entre equipos multidisciplinarios.*

- *Blockchain y Seguridad: La tecnología blockchain puede integrarse más en la gestión de productos para mejorar la trazabilidad, la seguridad de la cadena de suministro y la autenticidad de los productos.*

*Estas tendencias pueden ser un indicador de hacia dónde se dirige la tecnología y la gestión de productos, pero la evolución exacta puede variar dependiendo de la adopción, los avances tecnológicos y los cambios en el mercado.*

**Me interesa la parte de las estrategias ágiles, ¿me puedes contar algo más?**

¡Claro! Las estrategias ágiles son un conjunto de metodologías que se centran en la flexibilidad, la colaboración y la capacidad de adaptación rápida a los cambios en el desarrollo y gestión de productos. Aquí hay algunos conceptos clave:

- *Iteración y Flexibilidad: En lugar de seguir un plan rígido, las metodologías ágiles promueven la iteración continua. Los equipos trabajan en ciclos cortos (llamados iteraciones o sprints) para desarrollar, probar y mejorar constantemente el producto. Esto permite adaptarse a los cambios y retroalimentación del mercado de manera más eficiente.*

- *Colaboración y Comunicación Constante: Se fomenta la colaboración estrecha entre los miembros del equipo y se promueve una comunicación abierta y constante. Esto implica involucrar a los interesados (stakeholders) en el proceso de desarrollo y tomar decisiones de manera colaborativa.*

- *Enfoque en la Entrega de Valor: Las metodologías ágiles se centran en la entrega temprana y continua de funcionalidades que agregan valor al cliente. Esto implica priorizar las características más importantes y desarrollarlas de manera incremental para obtener retroalimentación rápidamente.*

- *Adaptabilidad y Mejora Continua: Los equipos ágiles son adaptables y están abiertos a cambios. Después de cada iteración, se revisa el trabajo realizado y se identifican áreas de mejora para el siguiente ciclo, lo que permite una mejora continua en el proceso y el producto.*

- *Frameworks Ágiles Comunes: Algunos marcos de trabajo ágiles populares incluyen Scrum, Kanban, Extreme Programming (XP) y Lean, cada uno con sus propias prácticas y enfoques específicos.*

*Estas estrategias ágiles se han vuelto muy populares en la gestión de productos debido a su capacidad para adaptarse a entornos cambiantes y su enfoque en la satisfacción del cliente mediante la entrega rápida y continua de valor.*

**¿Cuál crees que podría ser su mayor problema para empezar a usarlas?**

*Uno de los mayores desafíos al adoptar estrategias ágiles puede ser el cambio cultural dentro de una organización. Aquí hay algunos obstáculos comunes:*

- *Resistencia al Cambio: El cambio hacia métodos ágiles a menudo implica abandonar prácticas*

141

*tradicionales de gestión de proyectos. Algunos miembros del equipo pueden resistirse a abandonar lo familiar y adoptar nuevos enfoques.*

- *Cultura Organizacional: Si la cultura organizacional valora la jerarquía rígida o no fomenta la toma de decisiones colaborativa, puede ser difícil implementar ágil, ya que requiere equipos autoorganizados y multidisciplinarios.*

- *Falta de Comprensión y Formación: Si los equipos no comprenden completamente los principios y prácticas ágiles, pueden surgir malentendidos en su implementación, lo que lleva a problemas y resistencia.*

- *Estructuras Organizacionales Rígidas: En empresas con estructuras rígidas y procesos establecidos, la transición hacia métodos ágiles puede requerir cambios significativos en la forma en que se organizan y colaboran los equipos.*

- *Expectativas de Resultados Inmediatos: A veces, las empresas esperan resultados rápidos al adoptar métodos ágiles. Sin embargo, llevará tiempo adaptarse y madurar en la implementación de estas metodologías.*

- *Apoyo de la Alta Dirección: La falta de apoyo o comprensión de la alta dirección puede ser un obstáculo. Si los líderes no respaldan la transición y no proporcionan los recursos necesarios, puede ser difícil para los equipos implementar ágil eficazmente.*

*Superar estos desafíos generalmente requiere un compromiso organizacional, capacitación adecuada, liderazgo de apoyo y una mentalidad abierta para adaptarse a los cambios culturales y procesuales que conlleva la adopción de estrategias ágiles.*

**Interesante lo del cambio cultural, ¿cómo lo plantearías tú para llevarlo a cabo?**

*El cambio cultural es un proceso desafiante pero crucial para adoptar estrategias ágiles. Aquí hay algunos pasos que podrían ayudar a facilitar este proceso:*

- *Educación y Concienciación: Comienza por educar a todos los niveles de la organización sobre los principios y beneficios de las metodologías ágiles. Talleres, sesiones informativas y ejemplos prácticos pueden ser útiles para mostrar cómo funcionan en la práctica.*
- *Establecer una Visión Compartida: Comunica claramente la visión de por qué la empresa está adoptando métodos ágiles y cómo beneficiará a*

*la organización, los equipos y los clientes. Esto ayuda a alinear a todos hacia un objetivo común.*

- *Empoderar a los Equipos: Fomenta la autonomía y la toma de decisiones descentralizada. Capacita a los equipos para que sean responsables de la planificación y ejecución de sus tareas, lo que les permite sentirse más comprometidos con el proceso.*

- *Liderazgo Comprometido: Los líderes deben respaldar activamente el cambio, mostrando su compromiso con los métodos ágiles y sirviendo como ejemplos a seguir. Su apoyo es fundamental para que los equipos se sientan seguros al explorar y adoptar nuevos enfoques.*

- *Cultura de Aprendizaje y Mejora Continua: Promueve una cultura donde se valore el aprendizaje y la experimentación. Reconoce los errores como oportunidades de aprendizaje y fomenta la adaptabilidad y la mejora constante.*

- *Facilitar la Comunicación y la Colaboración: Crea espacios y herramientas que fomenten la comunicación abierta y la colaboración entre equipos y departamentos. Esto ayuda a romper silos y mejora la cooperación entre diferentes áreas.*

- *Implementación Gradual y Retroalimentación Constante: Comienza con proyectos piloto o equipos pequeños para implementar ágil y recopilar retroalimentación. A partir de ahí, adapta y ajusta el enfoque según los comentarios y resultados obtenidos.*

- *Reconocimiento y Celebración de Éxitos: Reconoce y celebra los logros alcanzados mediante el enfoque ágil. Esto motiva a los equipos y demuestra el valor de este cambio cultural.*

*Recuerda que el cambio cultural lleva tiempo y esfuerzo. La paciencia, la persistencia y la consistencia en la aplicación de estos pasos son clave para una transición exitosa hacia la adopción de estrategias ágiles.*

**¿Cómo nos podrías ayudar en este proceso de cambio cultural?**

*¡Claro! Aquí hay algunas formas en las que puedo ayudar en el proceso de cambio cultural hacia la adopción de estrategias ágiles:*

- *Información y Recursos: Proporcionar información detallada sobre metodologías ágiles, explicando principios clave y ofreciendo recursos como guías, ejemplos prácticos y casos de estudio.*

- *Talleres y Sesiones Educativas: Facilitar talleres interactivos o sesiones educativas para equipos y líderes, brindando una comprensión más profunda de cómo funcionan las estrategias ágiles y cómo pueden implementarse.*
- *Asesoramiento Personalizado: Ofrecer asesoramiento personalizado sobre cómo adaptar y aplicar estrategias ágiles en función de las necesidades y la estructura específica de la organización.*
- *Respuestas a Consultas: Estar disponible para responder preguntas específicas o aclarar dudas sobre la implementación de estrategias ágiles, ofreciendo orientación continua durante el proceso de cambio.*
- *Ejemplos Prácticos y Escenarios: Proporcionar ejemplos prácticos de cómo otros equipos u organizaciones han implementado con éxito metodologías ágiles en su gestión de proyectos y productos.*
- *Desarrollo de Capacidades: Ayudar en el desarrollo de habilidades y capacidades necesarias para una transición exitosa hacia métodos ágiles, incluyendo aspectos como la gestión del cambio, la comunicación efectiva y la resolución de conflictos.*

- *Seguimiento y Evaluación: Ofrecer herramientas y pautas para realizar un seguimiento del progreso en la adopción de estrategias ágiles, así como métodos para evaluar la eficacia y realizar ajustes necesarios.*

- *Actualización Continua: Mantenerse al día con las últimas tendencias y prácticas ágiles, proporcionando información actualizada y consejos sobre cómo adaptarse a los cambios en el panorama de gestión de productos.*

*Mi objetivo es ofrecer orientación y apoyo durante todo el proceso, proporcionando información valiosa y recursos prácticos para facilitar una transición exitosa hacia una cultura más ágil y adaptable.*

**¿Por dónde empezarías?**

*Comenzaría con estos pasos fundamentales para iniciar el cambio cultural hacia estrategias ágiles:*

- *Comprensión y Compromiso: Es fundamental que los líderes y equipos clave comprendan los principios y beneficios de las estrategias ágiles. Empezaría con talleres o sesiones educativas para explicar en qué consisten y cómo pueden impactar positivamente en la organización.*

147

- *Identificación de Proyectos Piloto: Seleccionar un proyecto piloto o un equipo pequeño que esté dispuesto a adoptar métodos ágiles. Esto permitirá implementar y probar los principios ágiles en un entorno controlado, evaluando su efectividad y obteniendo retroalimentación temprana.*

- *Formación y Capacitación: Proporcionar formación específica en metodologías ágiles para el equipo piloto. Esto incluiría talleres prácticos, materiales educativos y recursos para comprender y aplicar los principios ágiles en su trabajo diario.*

- *Establecer Objetivos Claros: Definir metas claras y medibles para el proyecto piloto, centrándose en los resultados deseados y en cómo los métodos ágiles pueden ayudar a alcanzar esos objetivos.*

- *Apoyo Directivo y Empoderamiento del Equipo: Obtener el compromiso de la alta dirección para respaldar y facilitar el proceso de cambio hacia lo ágil. Al mismo tiempo, empoderar al equipo piloto para tomar decisiones y experimentar con los métodos ágiles.*

- *Implementación Gradual y Evaluación Continua: Durante la implementación del proyecto piloto, realizar evaluaciones regulares para medir el progreso y los desafíos. Ajustar y adaptar según sea necesario para mejorar el proceso.*

- *Comunicación Abierta y Retroalimentación: Fomentar una comunicación abierta y transparente dentro del equipo y con otras partes interesadas. Recopilar constantemente la retroalimentación y los comentarios para identificar áreas de mejora.*

- *Celebrar los Logros y Aprendizajes: Reconocer y celebrar los éxitos alcanzados durante la implementación de métodos ágiles, así como aprender de los desafíos y errores como oportunidades de mejora.*

*Este enfoque gradual y enfocado en un proyecto piloto permite aprender y adaptarse a medida que se avanza en la adopción de estrategias ágiles. Además, sentar las bases con un equipo comprometido y dispuesto a probar nuevas metodologías facilitará la expansión de estas prácticas a toda la organización en el futuro.*

**Esto parece muy complicado, ¿nos podrías ayudar por ejemplo a escribir historias de usuario?**

*¡Claro que sí! Las historias de usuario son una parte crucial en la metodología ágil, ya que ayudan a comprender las necesidades y expectativas de los usuarios. Aquí tienes un*

*ejemplo de cómo podríamos trabajar juntos para escribir historias de usuario:*

*Paso 1: Entender el Contexto*

*Reunión Inicial: Podemos comenzar con una reunión donde me proporciones información sobre tu producto, sus usuarios y los objetivos que esperas alcanzar.*

*Análisis de Usuarios: Identificaremos quiénes son los usuarios principales de tu producto, sus características demográficas, necesidades y problemas que intentamos resolver.*

*Paso 2: Identificar Historias de Usuario*

*Definición de Funcionalidades: Basados en la información recopilada, elaboraremos una lista de funcionalidades o aspectos específicos del producto que queremos abordar.*

*Creación de Historias de Usuario: Utilizando plantillas o ejemplos, redactaremos historias de usuario que describan, en un formato simple y comprensible, las necesidades y expectativas de los usuarios en relación con esas funcionalidades.*

*Paso 3: Refinamiento y Detalles*

*Revisión y Feedback: Después de redactar las historias de usuario, las revisaremos juntos para asegurarnos de que capturan adecuadamente las necesidades de los usuarios. Si es necesario, las modificaremos para mejorar su claridad y relevancia.*

*Detalles y Criterios de Aceptación: Agregaremos criterios de aceptación a cada historia de usuario, que describen las condiciones que deben cumplirse para considerar la funcionalidad como completada.*

*Paso 4: Documentación Final*

*Entrega de Documentos: Te proporcionaré las historias de usuario finalizadas en un formato que se adapte a tus necesidades (ya sea en documentos, herramientas de gestión de proyectos, etc.).*

*Soporte Continuo: Estaré disponible para responder preguntas adicionales, proporcionar orientación adicional o ayudar en la actualización y creación de más historias de usuario según sea necesario.*

*Esta colaboración facilitará la creación de historias de usuario efectivas y centradas en el usuario, ayudándote a comprender mejor las necesidades y expectativas de tus usuarios para el desarrollo de tu producto.*

**¿Me puedes poner un ejemplo de una historia de usuario que te inventes?**

*Historia de Usuario: "Priorización de Tareas"*

*Como usuario,*

*Quiero poder asignar prioridades a mis tareas,*

*Para poder enfocarme primero en las tareas más críticas o urgentes.*

*Criterios de Aceptación:*

*Debo poder asignar una prioridad (alta, media, baja) a cada tarea.*

*Las tareas deben mostrarse en la lista en función de su prioridad.*

*Debo poder cambiar la prioridad de una tarea en cualquier momento.*

*Las tareas con prioridad alta deben destacarse visualmente en la interfaz.*

*Al completar una tarea, la prioridad asignada debe eliminarse automáticamente.*

*Notas Adicionales:*

*La asignación de prioridades debe ser intuitiva y fácil de realizar.*

*La actualización de la prioridad debe reflejarse instantáneamente en la lista de tareas.*

*Esta historia de usuario refleja la necesidad de un usuario de poder organizar y priorizar sus tareas de manera eficiente. Los criterios de aceptación proporcionan pautas claras sobre cómo debe funcionar la funcionalidad y qué resultados se esperan. Este enfoque ayuda a los equipos a comprender las expectativas y a realizar pruebas efectivas.*

**Bastante bien, una pregunta más, ¿cómo harías para meter tareas de soporte dentro de un sprint de Scrum?**

*Integrar tareas de soporte dentro de un sprint de Scrum puede ser desafiante, ya que los sprints están diseñados para enfocarse en entregas planificadas y trabajos que pueden completarse dentro de un período de tiempo determinado. Sin embargo, hay formas de manejar tareas de soporte dentro de este marco:*

*Enfoques para incorporar tareas de soporte:*

- *Reserva de Capacidad: Asigna una parte de la capacidad del equipo en cada sprint para manejar tareas de soporte. Esto implica prever y dedicar una cantidad específica de tiempo a estas actividades dentro del sprint.*
- *Priorización Transparente: Es importante comunicar claramente al equipo la importancia y el impacto de las tareas de soporte. Si estas tareas son críticas o afectan la estabilidad del*

*producto, deben priorizarse adecuadamente en el backlog del sprint.*

- *Definición de Hecho (DoD) Incluyente: Amplía la definición de hecho para incluir actividades de soporte. Esto garantiza que estas tareas se consideren como trabajo completado al final del sprint.*

- *Equilibrio y Flexibilidad: Asegúrate de no sobrecargar el sprint con demasiadas tareas de soporte, ya que esto podría afectar la capacidad del equipo para completar las entregas planificadas. Mantén un equilibrio entre tareas planificadas y de soporte.*

- *Revisión y Aprendizaje: Después del sprint, revisa cómo las tareas de soporte afectaron la capacidad del equipo para completar las entregas planificadas. A partir de esta retroalimentación, ajusta la cantidad de trabajo de soporte para futuros sprints.*

- *Colaboración entre Equipos: Si es posible, considera la posibilidad de tener un equipo dedicado a las tareas de soporte para minimizar su impacto en los sprints de desarrollo, siempre que sea viable para la estructura organizativa.*

*Al incorporar tareas de soporte dentro de un sprint de Scrum, es esencial mantener un equilibrio entre las actividades planificadas y las no planificadas para garantizar que el equipo pueda cumplir con sus compromisos y mantener la estabilidad del producto.*

Y hasta aquí la conversación, pero podríamos seguir indefinidamente con las preguntas que nos fueran surgiendo. Imagínate las famosas sesiones de Lean Coffee cómo podrían ser con esta ayuda que nos ofrece la IA, siempre y cuando razonemos las respuestas y discutamos cuál sería la mejor solución según nuestro contexto particular.

# Referencias

En este apartado comento las distintas referencias sobre las que me he apoyado para la elaboración de este libro.

- https://dabellonotes.blogspot.com: Mi propio blog personal ha servido de fuente para la creación del libro. Muchos de los temas aquí comentados aparecen como artículos más resumidos en el blog. Te animo a seguirlo y echar un vistazo de vez en cuando, ya que ahí seguiré exponiendo casos prácticos y experiencias reales. Desde el mismo, también te puedes poner en contacto conmigo e incluso puedes hacer alguna donación puntual y solicitar una colaboración. Algunos artículos usados, que los podrás encontrar en el blog:
  - Batalla entre Agile y Waterfall: https://dabellonotes.blogspot.com/2023/12/agile-waterfall.html
  - ChatGPT y OpenAI 2023 y 2024: https://dabellonotes.blogspot.com/2023/12/chatgpt24.html
  - El futuro de la IA: https://dabellonotes.blogspot.com/2023/11/futuro-ia.html

- El refinamiento:
  https://dabellonotes.blogspot.com/2023/11/refinamiento.html
- No todos estamos en el mismo lugar:
  https://dabellonotes.blogspot.com/2023/08/no-todos-estamos-en-el-mismo-lugar.html
- Feedback continuo:
  https://dabellonotes.blogspot.com/2023/07/feedback-continuo.html
- Objetivos comunes:
  https://dabellonotes.blogspot.com/2023/04/objetivo-comun.html
- Descubriendo ambiciones con el Personal Map:
  https://dabellonotes.blogspot.com/2023/03/personal-map.html
- ¿Y si tuviéramos tiempo?:
  https://dabellonotes.blogspot.com/2023/03/y-si-tuvieramos-tiempo.html
- Un líder no se esconde:
  https://dabellonotes.blogspot.com/2023/02/un-lider-no-se-esconde.html
- Aprendizaje OKR:
  https://dabellonotes.blogspot.com/2022/10/aprendizaje-okr.html
- Acuerdos de equipo:
  https://dabellonotes.blogspot.com/2022/09/acuerdos-equipo.html

- Estabiliza conocimiento: https://dabellonotes.blogspot.com/2022/03/blog-post.html
- Team programming remoto: https://dabellonotes.blogspot.com/2022/02/team-programming-remoto.html
- Excelencia técnica: https://dabellonotes.blogspot.com/2021/07/excelencia-tecnica.html
- No leas la nueva guía Scrum 2020: https://dabellonotes.blogspot.com/2020/12/scrum-2020.html
- Ahora sí, guía Scrum 2020: https://dabellonotes.blogspot.com/2021/07/scrum-2020.html
- ¿A qué le damos valor?: https://dabellonotes.blogspot.com/2020/11/valor.html
- Empieza ya: https://dabellonotes.blogspot.com/2024/01/empieza-ya.html

- Guía Scrum versión 2020 (la última en el momento de hacer este libro): https://scrumguides.org/docs/scrumguide/v2020/2020-Scrum-Guide-Spanish-European.pdf

*La Guía Scrum contiene la definición de Scrum. Cada elemento del marco sirve a un propósito específico que es esencial para el valor global y los resultados realizados con Scrum. Cambiar el diseño o las ideas básicas de Scrum, dejar fuera los elementos, o no seguir las reglas de Scrum, cubre los problemas y limita los beneficios de Scrum, potencialmente incluso haciéndolo inútil.*

*Seguimos el creciente uso de Scrum dentro de un mundo complejo en constante crecimiento. Nos sentimos honrados de ver Scrum siendo adoptado en muchos dominios que tienen un trabajo esencialmente complejo, más allá del desarrollo de productos de software donde Scrum tiene sus raíces. A medida que el uso de Scrum se extiende, desarrolladores, investigadores, analistas, científicos y otros especialistas hacen el trabajo. Usamos la palabra "desarrolladores" en Scrum no para excluir, sino para simplificar. Si obtienes valor de Scrum, considérate incluido.*

*A medida que se utiliza Scrum, se pueden encontrar, aplicar e idear patrones, procesos e información que se ajusten al marco de Scrum como se describe en este documento. Su descripción está más allá del propósito de la Guía Scrum porque son sensibles al contexto y difieren ampliamente entre los usos de*

*Scrum. Tales tácticas para su uso dentro del marco de Scrum varían ampliamente y se describen en otro lugar.*

- Management 3.0: buenas prácticas para liderazgo de equipos. Muchas están empecé a practicarlas después de un curso para esta certificación: https://netmind.net/es/management-3-0/

*Management 3.0 es una solución innovadora para líderes que gestionan el talento en entornos Agile. No es un marco, sino una mentalidad: una combinación de herramientas, juegos y prácticas que ayudan a administrar a las personas y los equipos que forman una organización.*

- **Kanban:** https://kanban.university/

*Desde sus inicios, el Método Kanban se desarrolló y maduró como un enfoque efectivo para que las organizaciones logren una mayor agilidad empresarial. Se ha aplicado en un espectro de sectores en organizaciones que van desde startups hasta grandes corporaciones multinacionales.*

*El Método Kanban se puede aplicar en 3 niveles: con equipos para desarrollar prácticas sostenibles, por gerentes para mejorar su capacidad de proporcionar productos y servicios, y por organizaciones enteras para desarrollar empresas receptivas que puedan navegar por un mercado cada vez más cambiante. Si bien el Método Kanban es apropiado en las 3 áreas, sus mayores beneficios se realizan dentro y fuera de la Administración. Por esta razón, se le conoce apropiadamente como un Método de Gestión.*

*El método Kanban no es un sustituto de un marco o proceso actual. Más bien, funciona con cualquier proceso o marco existente y adopta un enfoque evolutivo para mejorar lo que ya está en marcha.*

- Manifiesto Ágil para desarrollo de software. De aquí emana la esencia de Agile: https://agilemanifesto.org/. Primero de agilidad

*Del 11 al 13 de febrero de 2001, en la estación de esquí The Lodge at Snowbird en las montañas Wasatch de Utah, diecisiete personas se reunieron para hablar, esquiar, relajarse y tratar de encontrar puntos en común y, por supuesto, para comer. Lo que surgió fue el Manifiesto Ágil de 'Desarrollo de Software'. Se reunieron representantes de Extreme Programming, SCRUM, DSDM, Adaptive Software Development, Crystal, Feature-Driven Development, Pragmatic Programming y otros que simpatizan con la necesidad de una alternativa a los procesos de desarrollo de software pesados y basados en la documentación.*

*Ahora, sería difícil encontrar una reunión más grande de anarquistas organizacionales, por lo que lo que surgió de esta reunión fue simbólico: un Manifiesto para el Desarrollo Ágil de Software, firmado por todos los participantes. La única preocupación con el término ágil vino de Martin Fowler (un británico para aquellos que no lo conocen) quien admitió que la mayoría de los estadounidenses no sabían cómo pronunciar la palabra 'ágil'.*

*Las preocupaciones iniciales de Alistair Cockburn reflejaron los primeros pensamientos de muchos participantes. "Personalmente, no esperaba que este grupo particular de ágiles se pusiera de acuerdo en algo sustantivo". Pero también compartieron sus sentimientos posteriores a la reunión:*

*"Hablando por mí mismo, estoy encantado con la redacción final [del Manifiesto]. Me sorprendió que los demás parecieran igualmente encantados con la frase final. Así que nos pusimos de acuerdo en algo sustantivo".*

- Dinámicas para retrospectivas. En esta página podrás encontrar diversas técnicas para hacer retrospectivas que podrás ir probando: https://www.funretrospectives.com/

- OpenAI y ChatGTP: https://openai.com/chatgpt

- "Agile Estimating and Planning" de Mike Cohn

*Técnicas detalladas y probadas para estimar y planificar cualquier proyecto ágil.*

*Agile Estimating and Planning es la guía definitiva y práctica para estimar y planificar proyectos ágiles. En este libro, el cofundador de Agile Alliance, Mike Cohn, analiza la filosofía de la estimación y planificación ágil y le muestra exactamente cómo hacer el trabajo, con ejemplos del mundo real y estudios de casos.*

*Los conceptos se ilustran claramente y se guía a los lectores, paso a paso, hacia cómo responder a las siguientes preguntas: ¿Qué construiremos? ¿Qué tan grande será? ¿Cuándo debe hacerse? ¿Cuánto puedo completar realmente para entonces? Primero aprenderá qué hace que un plan sea bueno y luego qué lo hace ágil.*

*Con las técnicas de Agile Estimating and Planning, puede mantenerse ágil de principio a fin, ahorrando tiempo, conservando recursos y logrando más.*

- "Código Limpio: manual de estilo para el desarrollo ágil de software" de Robert C. Martin

*El reconocido experto de software Robert C. Martin, junto con sus colegas de Object Mentor, nos presentan sus óptimas técnicas y metodologías ágiles para limpiar el código sobre la marcha y crearlo de forma correcta, de este modo mejorará como programador. Esta obra se divide en tres partes. La primera describe los principios, patrones y prácticas para crear código limpio. La segunda incluye varios casos de estudio cuya complejidad va aumentando. Cada ejemplo es un ejercicio de limpieza y transformación de código con problemas. La tercera parte del libro contiene una lista de heurística y síntomas de código erróneo (smells) confeccionada al crear los casos prácticos.*

*https://dabellonotes.blogspot.com/2020/10/codigo-limpio.html*

- "Team Topologies" de Matthew Skelton y Manuel Pais

*Los equipos de software eficaces son esenciales para que cualquier organización ofrezca valor de forma continua y sostenible. Pero ¿cómo construir la mejor organización de equipo para sus objetivos, cultura y necesidades específicas?*

*Las topologías de equipo son un modelo práctico, paso a paso, adaptativo para el diseño organizacional y la interacción en equipo basado en cuatro tipos de equipos fundamentales y tres patrones de interacción de equipo. Es un modelo que trata a los equipos como el medio fundamental de entrega, donde las estructuras de equipo y las vías de comunicación son capaces de evolucionar con la madurez tecnológica y organizativa.*

https://dabellonotes.blogspot.com/2023/03/team-topologies.html

- "Reinventar organizaciones" de Frederic Laloux

*Un innovador manual para líderes, consultores y trabajadores que sienten que algo falla en la manera actual de gestionar las organizaciones, que creen que puede hacerse mucho más y se preguntan cómo.*

*Cada vez que la humanidad ha accedido a un nuevo estadio de consciencia, ha creado modelos de colaboración radicalmente más productivos que los anteriores. Frederic Laloux está convencido de que nos hallamos en un momento crítico de cambio, y en su libro vislumbramos los albores de un nuevo gran salto hacia adelante.*

*Reinventar las organizaciones analiza casos reales de organizaciones de dimensiones, sectores y países distintos que encabezan una nueva y más auténtica manera de funcionar, basada en la autogestión de los grupos de trabajo, la integridad de las personas y la estrategia evolutiva de empresa.*

https://dabellonotes.blogspot.com/2023/04/reinventar-organizaciones.html

- "Hábitos atómicos" de James Clear

*A menudo pensamos que para cambiar de vida tenemos que pensar en hacer cambios grandes. Nada más lejos de la realidad. Según el reconocido experto en hábitos James Clear, el cambio real proviene del resultado de cientos de pequeñas decisiones: hacer dos flexiones al día, levantarse cinco minutos antes o hacer una corta llamada telefónica.*

*Clear llama a estas decisiones "hábitos atómicos": tan pequeños como una partícula, pero tan poderosos como un tsunami. En este libro innovador nos revela exactamente cómo esos cambios minúsculos pueden crecer hasta llegar a cambiar nuestra carrera profesional, nuestras relaciones y todos los aspectos de nuestra vida.*

https://dabellonotes.blogspot.com/2022/04/habitos-atomicos.html

- "Lean Change Management" de Jason Little. Con este libro fue cuándo decidí empezar los Lean Coffee

*Este libro te ayudará a implementar un cambio con éxito y a evitar la resistencia al cambio co-creando el cambio. Lo hará a través de ejemplos de cómo las prácticas innovadoras pueden aumentar el éxito de los programas de cambio. Estas prácticas combinan ideas de las comunidades Agile, Lean Startup, gestión del cambio, desarrollo organizativo y psicología. Este libro cambiará tu manera de ver el cambio.*

https://dabellonotes.blogspot.com/2020/08/lean-change-management.html

- "People y equipos ágiles" de Javier Garzás. Con este libro fue donde empecé a conocer las prácticas de Management 3.0

*La verdadera clave de la agilidad, y la más profunda de entender, son los equipos y las personas. Sprints, DevOps, MVP, etc., hay multitud de prácticas ágiles que muchos ansían implantar, o usar apropiadamente, pero ninguna transformación ágil tendrá éxito si no se enfoca en los equipos, en las personas. Este libro expone prácticas que, en la experiencia del autor, Javier Garzás, después de trabajar en numerosas implantaciones ágiles desde 2001, son clave para lograr verdaderamente equipos ágiles.*

https://dabellonotes.blogspot.com/2020/12/peopleware.html

- "Scrum, el arte de hacer el doble de trabajo en la mitad de tiempo" de Jeff Sutherland, cuyo título ha generado bastante polémica, incluso tiempo después el propio autor reconocía que se había equivocado

*Este es el libro definitivo sobre la metodología que está revolucionando el mundo. El Scrum (término procedente del rugby, que hace referencia a la forma en la que el equipo se esfuerza conjuntamente para hacer avanzar la pelota por el campo) es un sistema de trabajo creado por el mismo autor del libro, Jeff Sutherland, que logra que hagamos «el doble de trabajo en la mitad de tiempo». Este método acaba con el papeleo, la burocracia y la jerarquización en las empresas y los proyectos personales, y apuesta por las prácticas colaborativas para que nos sintamos implicados de verdad en aquello que hacemos y alcancemos con rapidez y satisfacción los objetivos trazados.*

https://dabellonotes.blogspot.com/2020/09/scrum-el-arte-de-hacer-el-doble-de.html

- "Mide lo que importa" de John Doerr. Sobre OKRs y su uso

  *En Mide lo que importa, Doerr comparte su experiencia y un amplio abanico de casos -desde Bono a Bill Gates, entre otros-, que hacen patente el crecimiento explosivo que los OKR han estimulado en muchas grandes organizaciones. Este libro ayudará a una nueva generación de líderes a descubrir esa misma magia.*

  https://dabellonotes.blogspot.com/2021/04/mide-importa.html

- "Reconsiderando Agile: por qué los equipos ágiles no tienen nada que ver con la Agilidad Empresarial" de Klaus Leopold. Ejemplo de una transformación ágil, problemas y soluciones particulares a su contexto

*Este libro describe una transición ágil en una empresa en la que estaban involucradas 600 personas. El objetivo descrito consistía en reducir el Time-to-Market de las iniciativas para poder reaccionar con más velocidad ante las necesidades de los clientes y conseguir así que aumentase la agilidad empresarial. Para conseguirlo se llevó a cabo una reorganización. Todos los equipos se establecieron de forma multidisciplinar con el fin de estar al tanto de todo el conocimiento necesario para el desarrollo en equipo. Asimismo, los equipos se organizaron por productos para eliminar dependencias. La visualización del trabajo, las reuniones standups y las retrospectivas completaron la transición ágil. Lo único que faltó fue la esperada mejora. El libro muestra la razón por la que no se llegó a ningún progreso, así como lo que, sin embargo, se hizo para mejorar la situación y alcanzar el objetivo "más agilidad empresarial". Los/as lectores/as aprenderán también cómo abordar una transición ágil de esta magnitud para no caer en la desagradable situación de no ver progreso. Lo dicho: no comenzar a nivel de equipo - ¡ello no solo ahorra nervios sino también mucho dinero!*

https://dabellonotes.blogspot.com/2022/11/reconsiderando-agile.html

- "Las cinco disfunciones de un equipo" de Patrick Lencioni

*Después de dos semanas en su nuevo empleo como directora general de DecisionTech, Kathryn Petersen sintió enormes dudas sobre su decisión de aceptar ese trabajo. Sin embargo, Kathryn sabía que había pocas posibilidades de que renunciara..., nada la excitaba tanto como un desafío. Pero lo que no pudo imaginar fue que se encontraría con un equipo totalmente disfuncional, y que sus miembros llegarían a ponerla a prueba como nadie hasta entonces lo había hecho.*

*¿Tendrá éxito o acabará perdiendo su empleo?*

*En Las cinco disfunciones de un equipo, Patrick Lencioni concentra su aguda inteligencia y su habilidad para contar historias en el mundo complejo y fascinante de los equipos de trabajo.*

https://dabellonotes.blogspot.com/2021/07/disfunciones-equipo.html

- "Nunca te pares" (Shoe dog en inglés) de Phil Knight, fundador de Nike

*En estas memorias sinceras y viscerales, PhilKnight relata los numerosos riesgos asumidos, los reveses sufridos y los incipientes éxitos, pero sobre todo la relación con sus primeros colaboradores y empleados, un grupo de inconformistas y luchadores que acabaron sintiéndose como hermanos. Juntos, animados por la fuerza de un objetivo común y una fe profunda en el espíritu del deporte, construyeron una marca que transformó todos los cánones establecidos.*

https://dabellonotes.blogspot.com/2022/08/shoe-dog.html

- "Clean Agile, vuelta a las raíces" de Robert C. Martin

*Casi veinte años después de que se presentara por primera vez el Manifiesto Ágil, el legendario Robert C. Martin ("Tío Bob") reintroduce los valores y principios Agile para una nueva generación, tanto para programadores como para no programadores. Martin, autor de Clean Code y otras guías de desarrollo de software muy influyentes, estuvo presente en la fundación de Agile. Ahora, en Clean Agile: Back to Basics, elimina los malentendidos y las distracciones que a lo largo de los años han hecho que sea más difícil usar Agile de lo que se pretendía originalmente.*

*Martin describe lo que es Agile en términos inequívocos: una pequeña disciplina que ayuda a los equipos pequeños a gestionar proyectos pequeños. . . con enormes implicaciones porque todo gran proyecto se compone de muchos proyectos pequeños. Basándose en sus cincuenta años de experiencia en proyectos de todo tipo imaginable, muestra cómo Agile puede ayudarle a aportar una verdadera profesionalidad al desarrollo de software.*

https://dabellonotes.blogspot.com/2022/01/clean-agile.html

- "Tribus" de Seth Godin

*Una tribu es cualquier grupo de personas, muchas o pocas, conectadas unas a otras, a un líder y a una idea. Durante millones de años el ser humano ha formado parte de tribus, bien sea por sus creencias, etnia, ideas políticas o incluso por sus gustos musicales. Forma parte de la naturaleza humana.*

*Ahora que Internet ha eliminado las barreras geográficas, temporales y económicas, los blogs y las redes sociales están ayudando a que las tribus crezcan y se reproduzcan. Grupos de millones de personas unidas por su afición al iPhone, su apoyo a Obama o su preocupación por el medio ambiente.*

*¿Quién va a liderar todas estas tribus?*

*La web puede hacer cosas asombrosas, pero no puede proveer de liderazgo a las masas que se forman día tras día. Es todavía una tarea que nos atañe a nosotros. Cualquiera que quiera hoy en día ser un líder, goza de las herramientas para serlo, tiene en sus manos la capacidad de serlo.*

*Si realmente cree que el liderazgo es para otros, reflexione al respecto. Piense en gente como Joel Polsky y su tribu internacional de brillantes programadores informáticos. O en Gary Vaynerchuck, un experto enólogo con devotos seguidores. O en Chris Sharma, que lidera una tribu de montañistas aficionados a escaladas imposibles.*

*Si deja escapar esta posibilidad por liderar, corre el riesgo de convertirse en una oveja más del rebaño, alguien que lucha a toda costa por mantener su status quo, sin preguntarse si la obediencia que profesa le está haciendo algún bien a él o su empresa.*

*Tribus le hará pensar sobre las oportunidades que brinda saber liderar a sus empleados, clientes, inversores, creyentes, lectores o simples seguidores. No es fácil, pero es mucho más fácil de lo que usted cree.*

https://dabellonotes.blogspot.com/2021/02/tribus.html

- "Empieza con el porqué" de Simon Sinek

*Para Sinek, lo importante no es tanto qué es lo que haces como el por qué lo haces. Lo esencial es saber por qué haces lo que haces, por qué existes. Aprender a formular las preguntas adecuadas te permitirán tener una empresa inspiradora, proyectos innovadores y gente comprometida para desarrollarlos. Sinek explica cómo crear el marco adecuado en una organización para conseguir esos propósitos.*

https://dabellonotes.blogspot.com/2021/06/empieza-porque.html

- "La vaca púrpura" de Seth Godin

*El mundo está cambiando de forma vertiginosa y, con este, las reglas del marketing. Las cuatro Pes y las viejas prácticas tan bien aprendidas durante años han dejado de funcionar por una sencilla razón: la saturación de los medios y de la mente del consumidor. Para que nuestro producto no se vuelva invisible en esta nebulosa de opciones debemos hacerlo extraordinario, diferenciarlo. Y nada más extraordinario y diferente que una vaca púrpura.*

*Las vacas, después de ver una, o dos, o diez, son aburridas. Pero una vaca púrpura es algo que llama la atención, que obliga a pararse, mirar e incluso maravillarse. Es algo increíble, emocionante, diferente, algo que nunca se olvida. Y lo más importante, es inherente, es parte del producto desde su nacimiento o no lo es.*

*El gurú del marketing Seth Godin nos brinda en este texto su visión y opiniones particulares sobre la función del marketing en las organizaciones y nos abre los ojos a una nueva y sobresaliente mentalidad que hará que nuestros productos y planteamientos de mercado dejen de ser perfectos para convertirse en diferentes y transformadores.*

https://dabellonotes.blogspot.com/2021/10/vaca-purpura.html

- "Los líderes comen al final" de Simon Sinek

*¿Por qué tan pocas personas dicen "amo mi trabajo"? Imagine un mundo donde todas las personas se levantasen inspiradas y con ganas de ir a trabajar, se sintiesen valoradas durante el día y regresasen a sus hogares satisfechos. Simon Sinek lleva años recorriendo el mundo y observando que algunos equipos de trabajo podían confiar totalmente en sus compañeros, hasta arriesgar la vida, mientras que otros no importaban qué metodología se aplicara para incentivarlos, eran incapaces de evitar la fragmentación del equipo. La respuesta la encontró durante una conversación con un general que dijo que "Los oficiales comen al final". Sinek observó que quienes primero comen son los soldados y al final de la fila se pueden encontrar a los de mayor rango. Lo que resultaba simbólico en el restaurante era básico para la supervivencia en la batalla y en cualquier equipo. Este principio ha funcionado desde las más primigenias tribus humanas, no es una teoría de management, es biología y Sinek nos lo demuestra en este libro.*

https://dabellonotes.blogspot.com/2021/08/lideres-comen-final.html

- "Sapiens, de animales a dioses" de Yuval Noah Harari

En Sapiens, Yuval Noah Harari traza una breve historia de la humanidad, desde los primeros humanos que caminaron sobre la Tierra hasta los radicales y a veces devastadores avances de las tres grandes revoluciones que nuestra especie ha protagonizado: la cognitiva, la agrícola y la científica. A partir de hallazgos de disciplinas tan diversas como la biología, la antropología o la economía, Harari explora cómo las grandes corrientes de la historia han modelado nuestra sociedad, los animales y las plantas que nos rodean e incluso nuestras personalidades. ¿Hemos ganado en felicidad a medida que ha avanzado la historia? ¿Seremos capaces de liberar alguna vez nuestra conducta de la herencia del pasado? ¿Podemos hacer algo para influir en los siglos futuros?

https://dabellonotes.blogspot.com/2023/06/sapiens.html

https://dabellonotes.blogspot.com/2023/11/homo-deus.html

- "Pensar rápido, pensar despacio" de Daniel Kahneman

*En Pensar rápido, pensar despacio, un éxito internacional, Kahneman nos ofrece una revolucionaria perspectiva del cerebro y explica los dos sistemas que modelan cómo pensamos. Daniel Kahneman, uno de los pensadores más importantes del mundo, recibió el premio Nobel de Economía por su trabajo pionero en psicología sobre el modelo racional de la toma de decisiones. Sus ideas han tenido un profundo impacto en campos tan diversos como la economía, la medicina o la política, pero hasta ahora no había reunido la obra de su vida en un libro.*

*En este libro Kahneman expone la extraordinaria capacidad (y también los errores y los sesgos) del pensamiento rápido, y revela la duradera influencia de las impresiones intuitivas sobre nuestro pensamiento y nuestra conducta. Toca muchos temas que nos afectan en el día a día: el impacto de la aversión a la pérdida y el exceso de confianza en las estrategias empresariales, la dificultad de predecir lo que nos hará felices en el futuro, el reto de enmarcar adecuadamente los riesgos en el trabajo y en el hogar, el profundo efecto de los sesgos cognitivos sobre todo lo que hacemos, desde jugar en la Bolsa hasta planificar las vacaciones; todo esto solo puede ser comprendido si entendemos el funcionamiento conjunto de los dos sistemas del cerebro a la hora de formular nuestros juicios y decisiones.*

# ¿Quién soy?

Ingeniero en Informática por la Universidad de A Coruña (1er y 2º ciclo). Con el 3er ciclo hecho, obteniendo el DEA (Diploma de Estudios Avanzados, etapa doctoral) también por la Universidad de A Coruña, con el trabajo de investigación titulado "Análisis de la segmentación de Query Logs basada en tiempo".

Me gusta la formación, por lo que al acabar la carrera hice el CAP (Curso de Aptitud Pedagógica) mientras lo compaginaba con el trabajo en la empresa privada.

Me gusta compartir y escribir mis experiencias y conocimientos, con lo que tengo un blog personal, donde además de seguirme, te podrás poner en contacto conmigo: https://dabellonotes.blogspot.com

Esta pasión por escribir me ha hecho también publicar varios trabajos de la carrera y del CAP como libros, un total de 5, que los podrás encontrar en lulu.com y Amazon. Además de este libro, que hasta la fecha es el más personal a nivel profesional que he hecho.

Durante mi carrera profesional he pasado por becario en departamento de la universidad y empresa privada, programador, analista, jefe de equipo, jefe de proyecto y durante los últimos años he asumido parcialmente diferentes roles como Scrum Máster, o como prefiero llamarlo, agente de cambio, porque mi objetivo era evolucionar y mejorar al equipo, independientemente del marco que usáramos, pero sin dejar de lado mis principales funciones de gestión de proyecto. Todo esto también fue lo que me ha ayudado a escribir este libro, para mostrar mis experiencias en todo este tiempo trabajando con Agile.

Actualmente soy Delivery Manager y lo que más me gusta es la gestión de producto y ese contacto con el negocio, pero nuevamente, sin dejar de lado las actividades o experimentos que permitan evolucionar y mejorar los equipos, solo que esta vez, muy centrado en mis propios equipos.

Aunque las certificaciones no son importantes, te dejo por aquí algunas de las mías:

- Professional Scrum Master por Scrum.org
- Scrum Product Owner por Scrum Manager
- ITIL Foundation por AXELOS
- Management 3.0
- SAFe 5 Agilist
- Team Kanban Practitioner
- Kanban System Design
- Kanban System Improvement
- Devops Foundation
- Lean Change Foundations

# Agradecimientos

Obviamente mi primer agradecimiento es a mis padres, sin cuyo esfuerzo no habría llegado hasta donde he llegado.

Agradecer a mis compañeros de empresa, por compartir conmigo todos sus conocimientos y experiencias y permitir crecer como profesional.

Agradecer a mis clientes, especialmente en el que me he podido introducir en el mundo Agile y el que me ha dado la confianza para probar y experimentar lo nuevo sin reproches ni castigos.

Finalmente, mi último agradecimiento, es para ti, por estar leyendo este libro. Que por qué lo escribo, ¿pues por qué no? Veo a compañeros y compañeras escribir sus propias experiencias y a mí también me gustaría compartir las mías propias en todos estos años de evolución. Probablemente esté mal escrito, sin estructura, pero si al menos, a una persona le resulta útil o motivador, para mí ya sería un éxito y habrá merecido la pena. Espero sinceramente que esa persona seas tú.